CHIMIE ORGANIQUE

APPLIQUÉE

A LA PHYSIOLOGIE ANIMALE

ET A LA PATHOLOGIE

PARIS. — IMPRIMERIE DE J. BELIN-LEPRIEUR FILS,
RUE DE LA MONNAIE, 11.

CHIMIE ORGANIQUE

APPLIQUÉE

A LA PHYSIOLOGIE ANIMALE

ET A LA PATHOLOGIE

PAR

M. JUSTUS LIEBIG

Professeur à l'Université de Giessen, membre correspondant de l'Académie des Sciences de l'Institut de France ; membre de l'Académie de Stockholm, de la Société royale de Londres ; membre honoraire de l'Académie de Dublin ; membre correspondant de l'Académie de Berlin, de Saint-Pétersbourg, de l'Institut royal d'Amsterdam, etc.; chevalier de l'Ordre grand-ducal de Hesse, et de l'Ordre impérial de Sainte-Anne.

Traduction faite sur les manuscrits de l'Auteur

PAR

M. CHARLES GERHARDT

Professeur à la Faculté des Sciences de Montpellier ; membre correspondant de la Société Philomatique de Paris. de la Société du Muséum d'histoire naturelle de Strasbourg, etc.

PARIS

CHEZ FORTIN, MASSON ET CIE

Successeurs de Crochard

1, PLACE DE L'ÉCOLE-DE-MÉDECINE

—

Octobre 1842

A MON AMI

En témoignage d'une affection & d'une estime sincères.

J. Liebig.

AVANT-PROPOS

DE L'AUTEUR.

C'est en appliquant à la chimie les méthodes d'investigation employées par les physiciens depuis des siècles, c'est en y introduisant l'usage des poids et des mesures que Lavoisier posa les fondements d'une nouvelle science, portée depuis, par des hommes éminents, à un haut degré de perfection, dans un intervalle extrêmement court.

Les chimistes doivent surtout leurs progrès aux excellents principes d'expérimentation par lesquels ils n'ont cessé de se guider, et qui, en les prévenant de bien des erreurs, leur ont permis d'éclaircir les phénomènes les plus obscurs et les plus difficiles.

Les applications si utiles aux arts, à l'industrie, à toutes les branches des connaissances humaines, voisines de la chimie, découlent des lois approfondies par cette science, et ce n'est pas seulement depuis qu'elle a atteint un certain degré de perfection, que son utilité se fait sentir; auparavant déjà son influence salutaire s'est manifestée à chaque nouvelle expérience.

Toutes les connaissances déjà acquises par les autres sciences ont servi dans le principe à hâter les progrès de la chimie, de sorte qu'elle recevait de la métallurgie et de l'industrie autant qu'elle leur donnait, et se développait de concert avec elles.

Depuis que la chimie minérale s'est ainsi progressivement perfectionnée, les travaux des chimistes ont pris une autre direction, des théories entièrement nouvelles sur la composition des plantes et des animaux ont surgi de leurs recherches. J'essaierai dans cet ouvrage de les appliquer à la physiologie animale et à la pathologie.

Déjà, dans les temps passés, on avait cherché, souvent avec succès, à utiliser dans l'art de guérir le peu d'observations chimiques qu'on possédait alors; bien plus, les grands médecins qui vécurent à la fin du XVIIe siècle, connaissaient seuls la chimie, et l'on peut dire que, malgré ses défauts, le système du phlogistique a été le précurseur de la lumière, car, par lui, la philosophie est enfin venue triompher de l'expérimentation grossière.

Malgré ses nombreuses découvertes, la chimie moderne n'a encore rendu à la physiologie et à la pathologie que des services insignifiants; mais il faut considérer que les réactions des corps simples et des combinaisons minérales préparées dans nos laboratoires, ne peuvent trouver aucune espèce d'application dans l'étude de l'organisme vivant.

La physiologie n'a pris aucune part aux progrès de la chimie, parce que celle-ci n'avait pas non plus contribué au développement de la première science. Toutefois, depuis vingt-cinq ans, il n'en est plus ainsi; c'est que la physiologie aussi a fait de nouvelles acquisitions, elle a découvert de nouvelles voies d'étude, et naturellement les travaux des physiologistes ne prendront une autre direction que quand ils auront épuisé toutes ces sources de richesses. Mais nous touchons à une époque où la route, aujourd'hui suivie par les physiologistes, ne ferait qu'élargir le terrain des recherches sans approfondir les questions.

Certes, personne ne contestera l'utilité et même la nécessité de l'étude des formes et des mouvements dans l'économie animale; car elle est une des conditions indispensables à la connaissance des actes de la vie; mais disons aussi que cette étude est beaucoup trop exclusive et insuffisante.

Les physiologistes se bornaient autrefois à rechercher le but des fonctions de chaque organe, et à examiner leurs différentes relations dans l'économie; mais aujourd'hui ce ne peut plus être l'objet principal de leurs travaux. Le plus grand nombre des découvertes modernes ont plutôt enrichi l'anatomie comparée que la physiologie proprement dite.

Ces travaux conduisent sans contredit à d'excellents résultats lorsqu'il s'agit des différentes formes et de l'état des organes sains ou malades, mais ils n'éclaircissent en rien la nature même des actes vitaux, car il est certain que la connaissance anatomique la plus exacte des tissus ne peut nous rendre compte du but qu'ils ont à remplir : en examinant au microscope les ramifications des vaisseaux optiques, on ne sera pas plus avancé sur le sens de la vue qu'en comptant, par exemple, le nombre des facettes sur l'œil d'une mouche. Le problème le plus sublime, celui des lois de la vie, ne pourra jamais être résolu sans la connaissance exacte des forces chimiques, c'est-à-dire des forces qui n'agissent pas à distance; dont la manifestation est par conséquent semblable à celle de la cause primitive des phénomènes vitaux, et qui agissent partout où des matières hétérogènes se touchent.

La pathologie essaie encore aujourd'hui, tout-à-fait d'après le modèle des chimistes phlogistiques (de la méthode qualitative), d'appliquer les expériences chimiques à la guérison des malades ; mais ses nombreux essais ne l'ont pas encore rapprochée d'un seul pas des causes et de la nature des maladies.

Sans poser les questions d'une manière précise, on a mis le sang, l'urine et d'autres parties de l'organisme, sain ou malade, en contact avec des alcalis, des acides et toute espèce de réactifs chimiques, et l'on est parti de ces réactions pour faire des inductions sur les phénomènes de l'économie. Quelquefois, le hasard a conduit ainsi à un médicament utile ; mais il est impossible qu'une pathologie rationnelle se fonde sur ces sortes de réactions, car l'économie animale ne peut pas être considérée comme un laboratoire de chimie.

Lorsque, dans certains états pathologiques, le sang prend une consistance épaisse, celle-ci ne peut pas être dissipée d'une manière durable par une réaction chimique sur les liquides circulant dans les vaisseaux. Le dépôt des calculs peut s'empêcher quelquefois par des alcalis, sans que la cause de la maladie soit le moins du monde écartée. Dans le typhus on trouve les fèecs chargés de sels ammoniacaux insolubles; les globules du sang présentent la même modification que celle qu'on peut produire d'une manière factice avec du sang et de l'eau ammoniacale; mais pour cela l'ammoniaque renfermée dans l'organisme ne peut pas être considérée comme la cause de la maladie, ce n'est que l'effet d'une cause.

La médecine s'est donc, en se fondant sur les préceptes de la philosophie d'Aristote, créé une théorie de la nutrition et de la formation du sang, d'après laquelle elle classe les aliments en nutritifs et non nutritifs; mais, comme cette théorie repose sur des observations dépourvues des conditions nécessaires, on ne saurait la considérer comme l'expression de l'expérience.

Aujourd'hui les relations entre les aliments et le but qu'ils ont à remplir dans l'économie nous paraissent bien autrement claires, depuis que la chimie organique les a examinées par la méthode quantitative.

Une oie maigre, pesant 4 livres, augmente de 5 livres dans l'espace de 36 jours pendant lesquels on lui donne, pour l'engraisser, 24 livres de maïs; au bout de ce temps, on peut en extraire 3 1/2 livres de graisse. Il est évident que la graisse ne s'est pas trouvée toute formée dans la nourriture, car celle-ci ne renferme pas 1/1000 de graisse ou de matières semblables.

Les abeilles nourries avec du miel exempt de cire, fournissent 1 p. de cire par 20 p. de miel consommé par elles, sans que leur état de santé ni leur poids ne se modifient. Cela prouve bien aussi que dans l'organisme le sucre se transforme en graisse.

Il en est de même, quant aux sécrétions et à beaucoup d'autres phénomènes de l'économie. Dès qu'on en cherchera la solution d'une manière à la fois sérieuse et pleine de conscience, dès qu'on prendra la peine de préciser les observations à l'aide des poids et des mesures, en les exprimant par des équations, toutes ces questions s'éclairciront d'elles-mêmes.

Lorsque les observations n'embrassent dans un problème qu'un seul côté, elles ne peuvent jamais, quelque multipliées qu'elles soient, en amener la solution complète; il leur faut donc, pour être utiles, une direction définie, un but déterminé; il faut qu'elles aient entre elles une connexion organique.

Les physiciens et les chimistes ont bien raison d'attribuer à leurs méthodes d'investigation la plus grande part du succès de leurs travaux. En effet, chaque travail de chimie ou de physique, tant soit peu complet, peut se résumer, quant aux résultats, en peu de mots; mais ce sont alors des vérités impérissables dont la découverte avait exigé des expériences et des recherches sans nombre. Dès que la vérité est une fois bien établie, le travail lui-même, toutes ces expériences pénibles et ces appareils compliqués tombent dans l'oubli; ils représentent les échelles, les ustensiles, les galeries, les courants d'air indispensables à l'exploitation d'une mine féconde, et qui la préservent de l'eau et du feu grisou.

Aujourd'hui, le moindre travail de chimie ou de physique doit porter ce caractère, s'il veut être estimé; un certain nombre d'observations doit toujours conduire à une conclusion, peu importe qu'elle embrasse une ou plusieurs questions.

Ce ne peut être que la méthode employée dans les recherches de physiologie, qui nous a valu de sa part, depuis un demi-siècle, si peu de vérités nouvelles, quant aux fonctions des organes les plus importants, de la rate, du foie, des glandes, et certes les progrès de la physiologie seront toujours entravés tant qu'elle ne se familiarisera pas avec les méthodes d'investigation mises en usage par la chimie.

Avant Lavoisier, Schèele et Priestley, la chimie n'avait pas plus de liaison avec la physique qu'elle n'en a aujourd'hui avec la physiologie; aujourd'hui, au contraire, la fusion entre la chimie et la physique est si complète qu'il serait difficile d'établir entre elles une ligne de démarcation rigoureuse; le même lien unit la chimie à la physiologie, et dans 50 ans d'ici leur disjonction sera tout aussi impossible.

Nos problèmes, nos expériences coupent, par une infinité de courbes, la ligne droite qui mène à la vérité : ce sont autant de jalons dessinant la vraie route, et nécessaires à l'imperfection humaine. Les chimistes et les physiciens ne perdent pas de vue leur but ; quelquefois un d'entre eux réussit à suivre par moments la bonne voie, mais ils savent tous que les détours sont inévitables, et que le succès n'est possible qu'à l'aide d'une persévérance et d'un courage à toute épreuve.

Les observations détachées et sans lien sont des points dispersés sur une vaste plaine qui n'indiquent aucun sentier bien tracé. Pendant des siècles entiers la chimie n'avait que ces points, entre lesquels on cherchait, par mille moyens, à combler les vides ; mais des découvertes stables, des progrès réels n'ont été faits que depuis qu'on ne s'y est plus laissé entraîner par l'imagination.

J'ai essayé, dans cet ouvrage, de faire ressortir les points de contact de la chimie et de la physiologie. Il renferme un recueil de problèmes comme la chimie les pose aujourd'hui, ainsi qu'un certain nombre de conclusions déduites des principes de cette science, d'après les expériences que nous possédons.

Ces problèmes recevront certainement un jour

leur solution, et alors seulement nous aurons une physiologie et une pathologie rationnelles. Il est vrai que, à l'heure qu'il est, notre sonde n'est pas assez longue pour mesurer toute la profondeur de la mer, mais cela ne saurait lui prendre sa valeur; pourvu que maintenant elle nous aide à éviter les récifs et les écueils.

A l'aide de la chimie organique, le physiologiste sera à même de scruter les causes de phénomènes que l'œil ne peut plus saisir.

Si un seul des résultats que j'ai développés ou simplement énoncés dans ce livre, trouve une application utile, son but me paraîtra complétement atteint; la route qui y a conduit en frayera d'autres, et c'est ce que je considère comme le plus grand bénéfice.

Dr Justus LIEBIG.

Giessen, avril 1842.

CHIMIE ORGANIQUE

APPLIQUÉE

A LA PHYSIOLOGIE ANIMALE ET A LA PATHOLOGIE.

PREMIÈRE PARTIE.

DES PHÉNOMÈNES ORGANIQUES EN GÉNÉRAL.

CHAPITRE I.

CAUSES DES PHÉNOMÈNES ORGANIQUES.

---

1. Une activité remarquable, une force à l'état de repos réside dans l'œuf, chez les animaux, et dans la graine, chez les plantes; c'est à elle que l'individu doit l'accroissement de sa masse, c'est par elle que l'économie répare ses pertes.

L'état de repos de cette force est détruit par des influences extérieures, par la fécondation, par l'humidité, par l'air; elle manifeste alors son mouvement en donnant naissance à une série de produits, qui, quoique souvent terminés par des surfaces planes, sont loin d'affecter les formes géométriques qu'on connaît aux minéraux cristallisables. Cette force s'appelle la *force vitale*.

Chez les plantes, l'augmentation de la masse est déterminée par un phénomène de décomposition qui s'accomplit, au sein même de certaines parties végétales, sous l'influence de la lumière et de la chaleur. Cette décomposition s'effectue exclusivement sur des matières inorganiques, et l'on peut dire, en considérant, à l'exemple de quelques savants minéralogistes, l'air et plusieurs autres gaz comme des substances minérales, que l'activité végétale transforme les minéraux en organes doués de vie, qu'elle transporte en eux la force vitale. Il faut donc, pour qu'une plante puisse se développer, que certaines parties des aliments s'incorporent au végétal. On est parvenu, à l'aide de l'analyse chimique, à établir la nature des parties ainsi assimilées et des parties rejetées par l'économie végétale, et l'on a constaté, par de nombreuses recherches chimiques et physiologiques, que le développement des plantes dépend d'une élimination de l'oxigène renfermé dans leurs aliments.

La vie des animaux se manifeste, contrairement à la vie végétale, par une absorption incessante de l'oxigène atmosphérique, qui se combine avec certains principes de l'organisme.

Tandis qu'aucune partie d'un être organisé ne peut servir à la nutrition végétale avant d'avoir été, par l'effet de la putréfaction, ramenée à une forme inorganique, l'animal, pour se conserver et grandir, exige des molécules d'une organisation supérieure. Ainsi, dans toutes les circonstances, les aliments des animaux sont des parties organisées.

2. Deux facultés surtout distinguent l'animal de la plante : la locomobilité et la sensibilité.

Ces facultés émanent de certains instruments dont la plante est totalement privée; elles dépendent d'appareils particuliers entre lesquels on n'observe, comme l'enseigne l'anatomie comparée, d'autre relation que celle de se réunir en un centre commun.

La substance de la moelle épinière, des nerfs et du cerveau diffère essentiellement, tant par la composition que par les réactions chimiques, de la substance des membranes, des tissus, des muscles et de la peau.

Tout ce qui dans l'économie animale mérite le nom de mouvement tire son origine des appareils nerveux; les plantes, au contraire, ne renferment pas de nerfs, et il faut attribuer à des causes physiques ou mécaniques les phénomènes de mouvement observés dans certaines espèces végétales, comme, par exemple, la circulation séveuse des *Chara*, l'occlusion spontanée des fleurs et des feuilles, etc. La chaleur et la lumière sont évidemment les causes premières de ces mouvements. Chez les animaux, il n'en est pas ainsi ; chez eux, les appareils nerveux constituent la source même du mouvement, et cette source est capable de se renouveler à chaque moment de la vie de l'individu.

On peut donc dire d'une manière générale que la

végétation se trouve toujours soumise à certaines influences extérieures, causes médiatrices du mouvement, mais que l'économie animale est, jusqu'à un certain degré, indépendante de ces influences, par la raison que tout animal renferme en lui un système particulier d'appareils qui engendrent le mouvement indispensable à la vie.

3. L'accroissement de l'individu, l'assimilation des substances nutritives, en un mot le passage de la matière en mouvement à l'état de repos, s'opère de la même manière chez les plantes que chez les animaux; une seule et même force détermine en eux l'augmentation de la masse. C'est là ce qu'on appelle la *vie végétative*, qui se manifeste sans que l'individu en ait la conscience.

Dans les plantes, cette vie végétative s'accomplit avec le concours des agents extérieurs; dans les animaux, elle se révèle par des activités nées au sein même de l'organisme. La digestion, la circulation du sang, la sécrétion des sucs, toutes ces fonctions sont nécessairement sous la domination du système nerveux; mais c'est une seule et même force qui donne au germe, à la feuille, à la racine ces propriétés miraculeuses dont sont doués les tissus animaux, qui rend apte chaque organe de l'animal à présider à ses propres fonctions. Il n'y a, nous le répétons, que les causes du mouvement qui diffèrent dans les deux règnes.

Jamais les appareils nerveux ne manquent aux animaux, même aux classes les plus infimes de la série zoologique; on les observe déjà dans l'œuf fécondé, et c'est là qu'ils prennent leur premier développement. Les classes supérieures possèdent en outre des appareils particuliers, destinés à la sensibilité, à la volonté, à l'instinct et aux facultés intellectuelles; mais ces derniers appareils, comme le démontre l'étude des phénomènes pathologiques, n'ont aucune liaison avec la vie végétative. En effet, la nutrition s'effectue de la même manière dans les parties du corps où les nerfs de la sensibilité et du mouvement sont paralysés que dans les autres parties où ces nerfs se trouvent à leur état normal. Il est bien reconnu aussi que la volonté la plus énergique ne peut exercer la moindre influence sur les contractions du cœur, ni sur les mouvements des intestins ou sur le travail des sécrétions.

4. Quant aux phénomènes de la vie supérieure et intellectuelle, on ne saurait, dans l'état actuel de la science, les ramener à leurs causes immédiates, ni, à plus forte raison, à leurs causes primitives. Tout ce qu'on peut affirmer, c'est que ces causes existent, qu'elles sont immatérielles, et qu'elles n'ont rien de commun avec l'agent vital, bien que comme lui elles se trouvent liées à la matière.

Sans doute ces causes exercent une certaine influence sur l'activité végétative, et elles ressemblent en cela à d'autres agents immatériels, tels que la lumière, l'électricité, le magnétisme; mais cette influence n'est pas conditionnelle, elle n'a pour effet que d'accélérer, de ralentir ou de troubler la marche du travail vital, de la même manière que celui-ci peut à son tour modifier les phénomènes de la vie intellectuelle.

C'est précisément la conscience et le raisonnement, ces causes perturbatrices de l'économie humaine, qui manquent à l'animal et à la plante ; mais, abstraction faite de leur influence, on peut dire que tous les actes vitaux et chimiques s'accomplissent de la même manière chez l'homme que chez les animaux.

5. Une tendance continuelle à approfondir les rapports de l'âme avec la vie animale a arrêté jusqu'à ce jour les progrès de la physiologie ; on sortait toujours du domaine de l'investigation possible pour errer dans des régions fantastiques. En effet, quel est parmi ces vitalistes enthousiastes celui qui connaisse les lois de la vie animale pure, qui ait des idées précises sur les conditions de développement ou de nutrition, qui sache enfin la cause réelle de la mort ? Ils expliquent les phénomènes psychologiques les plus obscurs, mais ne sont pas en état de dire ce qu'est la fièvre ou comment la quinine agit en la guérissant.

Jusqu'à présent on n'avait étudié qu'une seule des conditions nécessaires pour connaître les lois de l'économie vivante ; on s'était borné à des recherches anatomiques sur la structure des appareils, sans s'occuper sérieusement de la substance des organes, ni des transformations des aliments en organes, ni du rôle de l'atmosphère dans les actes vitaux, et cependant ce sont autant de bases tout aussi importantes.

Quelle part prend l'âme, la conscience, la raison au développement du fœtus humain, à l'incubation de l'œuf d'une poule? Elle n'a certainement pas plus d'influence sur ces actes qu'elle n'en a sur le développement de la graine d'une plante.

Quelles qu'elles soient, laissons là, en attendant, les causes premières des phénomènes psychologiques, et gardons-nous de faire des conclusions avant d'avoir pour elles une base. Nous connaissons exactement le mécanisme de l'œil, mais ni l'anatomie ni la chimie n'éclairciront jamais le mode de perception de la lumière. L'investigation de la nature a des limites déterminées qu'elle ne peut franchir, et il faut toujours se rappeler qu'aucune découverte ne pourra nous apprendre ce qu'est la lumière, l'électricité ou le magnétisme, car la pensée ne perçoit clairement que des choses matérielles. Nous ne pourrons donc scruter que les lois de l'équilibre ou du mouvement de ces forces, parce qu'elles se manifestent par des phénomènes; de même, sans doute, nous parviendrons à approfondir les lois de la vie et tout ce qui les trouble, les favorise ou les modifie, sans que jamais nous sachions ce qu'est la vie. La découverte des lois de la chute des corps et du mouvement des astres conduisit à une idée nette de la cause de ces phénomènes, idée qu'on n'aurait pu saisir avant d'avoir observé leurs lois. En effet, rayez de notre esprit la connaissance de ces lois, et ce qu'on appelle pesanteur, gravitation, ne sont pour nous que des mots, tout comme la lumière n'est qu'un mot pour l'aveugle de naissance.

La physiologie moderne a entièrement abandonné la méthode d'Aristote; elle n'invente plus d'*horreur du vide* ni de *quintessence* pour expliquer et éclaircir les phénomènes vitaux; il faut le dire, c'est pour le bonheur de la science et de l'humanité.

6. Les phénomènes de la végétation et de la vie animale sont subordonnés, comme nous venons de le voir, à une force particulière, entièrement distincte par ses effets de toutes les autres forces qui déterminent dans les corps des changements d'état ou des mouvements; nous avons donc à considérer dans la vie organique la force vitale tantôt à l'état d'équilibre ou de repos, tantôt à l'état de mouvement, suivant la résistance plus ou moins grande que lui opposent d'autres forces; il y aurait ainsi pour la force vitale une statique et une dynamique.

Toutes les parties de l'animal, par suite d'une activité permanente propre à chaque organe, naissent d'un liquide particulier, circulant au sein de l'organisme ; l'expérience prouve que toutes les parties du corps sont primitivement du sang, ou du moins qu'elles sont amenées par ce liquide aux organes qui doivent se former. D'un autre côté, il est bien reconnu aussi qu'il s'effectue sans cesse dans l'économie une mutation de substances plus ou moins accélérée; que les tissus quittent en partie leur état de vie pour se convertir dans des substances dépourvues de forme propre, et qu'ils se renouvellent ensuite après s'être ainsi transformés. Un grand nombre de faits irrécusables démontrent que chaque mouvement, chaque manifestation de force est la conséquence d'une mutation totale ou partielle des tissus; que chaque pensée, chaque sensation, chaque effort est accompagné d'un changement dans la nature des sécrétions ou dans la composition de la substance cérébrale.

CHAPITRE II.

RÔLE DES ALIMENTS ET DE L'OXIGÈNE ATMOSPHÉRIQUE.

7. L'entretien du travail vital exige le concours de certaines substances appelées *aliments*. Ces substances, après avoir subi dans l'organisme une série de transformations, servent à augmenter la masse de l'individu, à restituer les matières déjà employées par lui, ou à produire de la force.

La préhension des aliments est donc la première condition de la vie; une autre condition, non moins importante, c'est l'absorption non interrompue de l'oxigène atmosphérique.

D'après cela, la vie animale, envisagée au point de vue physiologique, se manifeste par une série de phénomènes dont les relations, ainsi que l'apparition alternative, sont déterminées par des transformations nées au sein de l'organisme et éprouvées, sous l'influence de la force vitale, par les aliments et l'oxigène atmosphérique. En effet, toutes les activités vitales sont le résultat de l'action réciproque de l'oxigène de l'air et des principes des aliments.

8. La nutrition et la reproduction sont à considérer,

comme le passage à l'état de repos de la matière mise en mouvement par l'action du système nerveux, et comme les forces chimiques se mettent sans cesse en opposition avec l'agent vital, c'est donc à elles qu'il faut attribuer ces alternatives de repos et de mouvement.

L'état de repos de la matière est provoqué par la résistance qu'oppose à la force vitale la force d'attraction ou de combinaison qui agit entre les molécules de la matière, au contact immédiat ou à des distances infiniment petites. On pourrait donner à cette force attractive tel nom qu'on voudrait; les chimistes l'appellent *affinité*.

Ce qui constitue le mouvement de la matière dans l'économie, ce sont les mutations, c'est-à-dire les décompositions chimiques qu'y éprouvent les substances alimentaires, ou les tissus nés de ces aliments, ou enfin certaines parties seulement des organes.

9. Le caractère particulier de la vie végétative, c'est-à-dire de ce genre d'activité que l'animal partage avec la plante, est une augmentation incessante de la masse de la plante, car tant que dure la vie de la plante, on ne remarque jamais qu'elle s'arrête dans son accroissement ni que ses organes diminuent de masse; tout changement de composition effectué en elle est le résultat de l'assimilation. Car la plante ne peut engendrer aucune force pour produire du mouvement, et jamais, par l'effet

de quelque cause placée dans l'organisme même, ses tissus ne sortent de l'état de vie et ne perdent leur état d'organisation. Dans la plante, il n'y a pas de consommation de substances; elle n'éprouve pas de pertes comme l'économie animale.

Dans celle-ci, les pertes proviennent du changement d'état et de composition de certaines parties du corps; ainsi elles sont la conséquence de certaines réactions chimiques.

L'influence des médicaments et des poisons sur l'économie vivante démontre clairement que les décompositions et les combinaisons chimiques, dont l'ensemble constitue les phénomènes vitaux, peuvent être activées par des forces chimiques agissant dans le même sens, et ralenties ou même arrêtées par des forces chimiques d'une action contraire. Nous pouvons donc, sur chaque organe et sur chacune de ses parties, produire des effets chimiques entièrement différents, suivant la nature des agents.

10. Dans les phénomènes galvaniques, lorsque, par exemple, un métal se trouve en contact avec un acide, nos sens aperçoivent certains effets, certaines altérations que nous attribuons à quelque chose d'inconnu, que nous désignons sous le nom de courant électrique. Mais les sens ne peuvent pas saisir la cause de ces effets. Il en est de même aussi pour les transformations que subissent, pendant la vie, les substances des organes; nous ne pouvons observer que les effets de mouvement provoqués par ces transfor-

mations, et c'est précisément à eux que nous donnons le nom de vie.

Le courant électrique se manifeste par les mouvements d'attraction et de répulsion qu'il imprime à certaines matières, privées de mouvement à elles seules; il se révèle, en outre, par les phénomènes de combinaison ou de décomposition qu'il détermine dans les substances chimiques lorsque les affinités ne lui opposent pas une trop grande résistance.

Nous ne pouvons donc étudier que les phénomènes produits par ce courant électrique; c'est aussi sous ce point de vue seul qu'il nous appartient de scruter les secrets de la vie.

Veut-on des miracles, il y en a partout. Certes la formation d'un cristal dans un liquide est quelque chose d'aussi mystérieux, d'aussi insaisissable que la formation d'une feuille ou d'un muscle. Il est aussi difficile de dire comment le cinabre résulte de la combinaison du soufre et du mercure, que d'expliquer comment l'œil naît de la substance du sang.

11. Pendant la vie, l'homme et les animaux absorbent constamment de l'oxigène par leurs organes respiratoires; jamais cette fonction ne s'arrête.

On a constaté par de nombreuses observations que le poids du corps d'un homme adulte, convenablement nourri, ne se trouve, au bout de vingt-quatre heures, ni augmenté ni diminué, et cependant la quantité d'oxigène absorbé par les organes pendant cet intervalle est extrêmement considérable. Car, suivant les expériences de Lavoisier, un homme adulte puise dans l'atmosphère, dans l'espace d'une année, 373 kilogrammes d'oxigène; d'après Menzies, il en prend 411 kilogrammes; son poids est le même au commencement et à la fin de l'année; tout au plus on y trouve une augmentation ou une diminution de quelques livres (*Doc.* I) *.

Qu'est alors devenue cette énorme quantité d'oxigène prise dans l'air par un seul individu? Cette question peut être résolue d'une manière fort positive. En effet, cet oxigène ne reste pas dans le corps; il en ressort sous la forme d'une combinaison carbonée ou hydrogénée; il s'unit au carbone et à l'hydrogène de certaines parties de l'organisme, et est ensuite évacué par la peau et le poumon à l'état d'acide carbonique et de vapeur d'eau.

Par chaque mouvement respiratoire et pendant toute la durée de la vie, les organes, après s'être combinés avec l'oxigène atmosphérique, cèdent ainsi une partie des substances qui les composent.

12. Admettons maintenant avec Lavoisier et Séguin, pour baser notre raisonnement sur une donnée expérimentale, qu'un homme adulte absorbe par jour 1015 grammes d'oxigène; supposons en outre que le corps de cet homme renferme 12000 grammes de

* Les chiffres romains intercalés dans le texte se rapportent à des documents dont les détails se trouvent à la fin du volume.

sang. Ce sang contient 80 pour cent d'eau : pour transformer complétement son carbone et son hydrogène en acide carbonique et eau, il faut 4271 grammes d'oxigène. Or cette quantité d'oxigène pénètre dans le corps d'un adulte dans l'espace de 4 jours et de 5 heures (*Doc.* II).

Quel que soit le mode d'action de l'oxigène absorbé pendant la respiration, qu'il se fixe directement sur les principes du sang ou sur d'autres matières carbonées ou hydrogénées du corps, rien ne s'oppose à cette conclusion : qu'un individu, aspirant par jour 1015 grammes d'oxigène, doit reprendre par les aliments autant de carbone et d'hydrogène qu'il en était contenu dans 12 kilogrammes de sang. Bien entendu, le corps est censé rester dans son état normal, son poids est supposé ne pas varier. La réparation de ces pertes se fait nécessairement par les aliments.

On a en effet trouvé, en déterminant la quantité de carbone ingérée dans le corps par les aliments, ainsi que la quantité de carbone rejetée par les fécès et les urines à l'état non brûlé, c'est-à-dire sous une forme autre que celle d'une combinaison oxigénée, qu'un homme adulte qui se maintient dans un mouvement modéré consomme par jour 435 grammes de carbone (*Doc.* III).

Ces 435 grammes s'échappent par la peau et le poumon sous forme d'acide carbonique; or, pour se transformer en ce gaz, ils exigent 1157 grammes d'oxigène.

Suivant les analyses de M. Boussingault *, un cheval consomme dans 24 heures 2465 grammes de carbone; une vache laitière en consomme 2212 grammes (*Doc.* IV). Ces quantités de carbone sont rejetées à l'état d'acide carbonique; le cheval emploie, pour convertir ce carbone en acide carbonique, 6504 grammes d'oxigène; la vache en use 5833 grammes.

15. Puisque aucune partie de l'oxigène absorbé ne ressort du corps sous une forme autre que celle d'une combinaison hydrogénée ou carbonée, et que de plus, dans l'état de santé, le carbone et l'hydrogène ainsi éliminés sont restitués par les aliments, il est évident que la quantité des aliments exigés pour la conservation des fonctions vitales doit être en rapport direct avec la quantité de l'oxigène absorbé.

Deux animaux qui dans le même temps absorbent par la peau et le poumon des quantités inégales d'oxigène, doivent donc consommer des poids différents du même aliment, et comme la consommation de l'oxigène peut, pour des temps égaux, s'exprimer par le nombre des inspirations, il en résulte que pour le même individu la quantité de nourriture à prendre varie suivant le nombre et l'étendue des inspirations.

On voit, d'après cela, que les enfants, chez qui les organes respiratoires sont plus actifs que ceux d'un homme adulte, supportent la faim moins bien que lui;

* *Annales de chimie et de physique.* LXXI, p. 127 et 136.

ils doivent donc prendre plus de nourriture et proportionnellement en plus grande quantité.

Un oiseau privé de nourriture meurt le troisième jour. Un serpent placé pendant une heure sous une cloche aspire à peine assez d'oxigène pour que l'acide carbonique produit devienne sensible; aussi peut-il vivre sans nourriture pendant trois mois et même plus longtemps.

Dans l'état de repos, le nombre des mouvements respiratoires est moindre que dans l'état d'agitation et de travail; la quantité de nourriture nécessaire dans ces deux états se trouve naturellement dans le même rapport. Ainsi on peut dire que l'abondance de nourriture est incompatible avec le manque d'oxigène ou de mouvement, tout comme un excès de mouvement qui nécessite une grande quantité de nourriture ne comporte aucune faiblesse dans les organes digestifs.

14. La quantité d'oxigène inspirée par le poumon dépend non seulement du nombre des inspirations, mais aussi de la température et de la densité de l'air.

En effet, la capacité de la poitrine d'un animal restant toujours la même, il y entre, par chaque inspiration, un même volume d'air; mais le poids de cet air, et conséquemment aussi de l'oxigène qu'il renferme, varie nécessairement, car la chaleur dilate l'air et le froid le contracte. Dans deux volumes égaux d'air froid et d'air chaud il y a donc un poids inégal d'oxigène. Ainsi, un homme adulte absorbant à 15° 0,91 de mètre cube d'oxigène, ce volume pèsera 1015 grammes, et le même volume absorbé dans le même temps à la température de 0° aura un poids de 1100 grammes.

Nous respirons toujours le même volume d'air, en été comme en hiver, aux pôles comme sous l'équateur; mais en été à 25° c. nous respirons, par le même nombre de mouvements pulmonaires, 983 grammes d'oxigène; à 0°, nous en prenons 1100 grammes ; en Sicile, où la température est à peu près de 35°, le poids de cet oxigène est de 895 grammes ; et enfin à—10° il est de 1131 grammes.

De même, au bord de la mer, nous absorbons, par le même nombre d'inspirations, une plus grande quantité d'oxigène que sur le haut des montagnes, et l'on peut dire que la quantité d'acide carbonique rejetée par le poumon, ainsi que l'oxigène absorbé par lui, varie suivant la pression barométrique.

Nous rejetons, en hiver comme en été, l'oxigène à l'état de la même combinaison; mais, à une basse température et sous une forte pression, nous expirons plus d'acide carbonique qu'à une température élevée. Nous devons, par conséquent, consommer par les aliments une proportion de carbone qui soit en rapport avec cette quantité; en Suède il faut en prendre plus qu'en Sicile; dans nos régions tempérées, en hiver sensiblement 1/8 de plus qu'en été.

Lors même que nous consommerions, dans les pays froids et dans les pays chauds, la même quantité de nourriture, les aliments, par une disposition fort sage de la nature, renferment des quantités fort inégales de charbon; en effet, les fruits des pays méridionaux ne contiennent, à l'état récent, pas plus de 12 pour cent de carbone, tandis que le lard et les huiles de poisson dont se nourrit l'habitant des régions polaires en renferment de 66 à 80 pour cent.

Dans les pays chauds, sous l'équateur, il est aisé de se soumettre au régime de la diète ou de supporter la faim, mais le froid et la faim réunis usent le corps en peu de temps.

CHAPITRE III.

SOURCE DE LA CHALEUR ANIMALE.

15. L'action réciproque des principes alimentaires et de l'oxigène transporté dans l'organisme par l'effet de la circulation, voilà *la source de la chaleur animale.*

Tous les êtres vivants dont l'existence est liée à une absorption d'oxigène possèdent en eux-mêmes une source de chaleur indépendante du milieu où ils vivent. Ce fait est vrai pour tous les animaux; il s'applique même à la graine germante, aux fleurs des plantes et aux fruits en maturation.

Il ne se produit de la chaleur que dans les parties de l'animal où arrive le sang artériel, où, par conséquent, l'oxigène atmosphérique peut pénétrer. Les poils, la laine, les plumes n'ont pas de chaleur propre.

Ce dégagement de chaleur dans le corps des animaux est, partout et dans toutes les circonstances, la conséquence de la combinaison d'une substance combustible avec l'oxigène. En effet, quelle que soit la forme sous laquelle le carbone, par exemple, se combine avec l'oxigène, il est certain que cette combinaison ne peut s'accomplir sans être accompagnée de chaleur, n'importe qu'elle se fasse rapidement ou avec lenteur, à une température élevée ou à une température basse; la quantité totale de chaleur dégagée dans cet acte reste toujours invariable. Ainsi, le carbone des aliments, en se transformant en acide carbonique dans le corps de l'animal, dégage autant de chaleur que s'il brûlait dans l'air ou dans l'oxigène; il n'y a que cette différence que la quantité de chaleur produite dans le premier cas se répartit sur des temps inégaux; dans l'oxigène pur, la combustion est très vive et la température est par conséquent fort élevée; dans l'air, la combustion est plus lente et la température plus basse, mais aussi elle se maintient plus longtemps.

D'après cela, il est évident que le nombre des degrés de chaleur devenus libres dans le corps des animaux doit diminuer ou augmenter suivant la quantité de l'oxigène qui y arrive, dans des temps égaux, par l'effet de l'acte respiratoire. Les animaux dont la respiration est vive et soutenue consomment, par conséquent, beaucoup d'oxigène; aussi leur température est-elle plus élevée que la température d'autres animaux ayant le même volume de corps à échauffer et prenant moins d'oxigène. Les enfants, dont la température est de 39°, absorbent plus d'oxigène que les adultes chez qui elle est de 37°,5. Les oiseaux, dans le corps desquels le thermomètre marque 40° ou 41°, en absorbent plus que les quadrupèdes dont la température propre est de 37° ou 38°; ils en prennent aussi plus que les poissons et les amphibies, dont la température propre est de 1/2 ou de 2 degrés plus élevée que celle du milieu ambiant. (*Doc.* V.)

A proprement parler, tous les animaux sont à sang chaud; mais ce n'est que chez ceux qui respirent par des poumons que la température propre est indépendante de la température du milieu.

16. Il résulte d'un grand nombre d'observations dignes de foi que la température de l'homme ainsi que de tous les animaux dits à sang chaud reste la même dans tous les climats, dans la zone tempérée comme sous l'équateur ou aux pôles, malgré l'extrême différence des milieux où ils vivent.

Le corps des animaux se comporte avec les alentours absolument comme le font tous les corps chauds; il reçoit de la chaleur si la température extérieure est plus élevée que celle du milieu environnant; il lui en cède, au contraire, si cette température extérieure est moindre que la température du corps de l'animal. Or la vitesse du refroidissement de tout corps chaud se règle sur la différence qui existe entre sa température et celle du milieu, c'est-à-dire que plus le milieu est froid, plus le refroidissement du corps est prompt. On conçoit d'après cela la différence considérable qui doit exister entre la perte de chaleur éprouvée par un homme vivant à Palerme, par exemple, où la température extérieure est sensiblement égale à celle du corps, et la perte de chaleur subie par un habitant des pôles, où la température atmosphérique lui est inférieure de 40 ou de 50 degrés. Malgré cette déperdition si différente, le sang du Lapon n'est pas moins chaud que le sang de l'habitant des pays méridionaux. Cela prouve donc, d'une manière irrécusable, que la chaleur cédée par le corps à l'extérieur est remplacée dans l'organisme avec beaucoup de rapidité, et que cette restitution doit se faire plus promptement en hiver et aux pôles qu'en été et dans les pays chauds.

La quantité d'oxigène absorbée par les mouvements respiratoires varie, dans les différents climats, suivant la température de l'air extérieur; nous avons déjà démontré la vérité de ce fait (14). Il faut donc, pour que le corps se maintienne à la même température, que la quantité de cet oxigène croisse en raison directe de la déperdition de chaleur causée par la mise en équilibre de la température du corps avec la température ambiante; ce qui revient à dire que les quantités de carbone et d'hydrogène nécessaires à la combinaison avec cet oxigène doivent s'accroître dans le même rapport.

La restitution de la chaleur perdue s'effectue par l'action réciproque des principes alimentaires et de l'oxigène respiré. Peu importent les formes que prennent peu à peu les aliments sous l'influence des organes, peu importent leurs transformations directes; en thèse finale, leur carbone se trouve toujours transformé en acide carbonique, leur hydrogène en eau; l'azote et le charbon non brûlé sont évacués par les urines et les excréments solides. Disons, pour nous servir d'une comparaison triviale, mais fort juste, que le corps des animaux se comporte, sous ce rapport, comme un poêle qu'on munit de combustible : pour avoir dans le poêle une température constante, il faut, suivant les variations de la température extérieure, l'alimenter avec des quantités différentes de combustible. Les aliments sont pour le corps de l'animal ce que le combustible est pour le poêle ; l'oxigène a-t-il suffisamment d'accès, il en résulte de la chaleur qui devient sensible.

En hiver, lorsque nous sommes dans l'air froid, où la quantité de l'oxigène inspiré est, par conséquent, le plus forte, nous sentons s'accroître, dans le même rapport, le besoin des aliments carbonés et hydrogénés ; lorsque ce besoin est satisfait, le corps peut résister aux froids les plus intenses. Réciproquement la faim produit dans le corps la sensation du froid. Il est bien reconnu aussi que les animaux sauvages des pays polaires surpassent en voracité ceux des contrées méridionales.

Dans la zone froide et dans la zone tempérée, l'air, qui, sans cesse, cherche à consumer le corps, nous pousse au travail qui nous procure les moyens de résister à cette action ; dans les pays chauds, au contraire, l'activité de l'homme est moindre, car le besoin de nourriture est loin d'y être aussi urgent.

Nos vêtements ne sont que des équivalents pour les aliments, car plus nous nous couvrons chaudement, plus nous sentons diminuer le besoin de manger, par la raison que le corps, dans cet état, perd moins de chaleur, se refroidit moins, et qu'alors la réparation nécessaire par les aliments devient aussi moindre. Si nous allions nus comme les sauvages ou que nous fussions, à la chasse et à la pêche, exposés au froid glacial des régions polaires, notre estomac supporterait, sans être incommodé, les mêmes quantités d'eau-de-vie, d'huile et de poisson que nous voyons prendre aux habitants de ces contrées. Cela n'a rien qui doive nous étonner; le carbone et l'hydrogène de ces aliments serviraient à mettre notre corps en équilibre de température avec l'atmosphère.

17. Il résulte de ce qui précède que la quantité des aliments à consommer se règle sur le nombre des inspirations, sur la température de l'air respiré et sur la quantité de chaleur cédée par le corps à l'extérieur. Aucun fait isolé ne s'oppose à la vérité de cette loi. Sans nuire à la santé d'une manière passagère ou durable, les habitants du Midi ne sauraient, dans leurs aliments, prendre plus de charbon et d'hydrogène qu'ils n'en exhalent par la respiration; de même, les habitants du Nord ne peuvent, à moins d'être malades ou de souffrir la faim, exhaler plus de charbon et d'hydrogène que les aliments n'en introduisent dans l'économie.

L'Anglais voit avec regret son appétit, qui lui procure des jouissances souvent renouvelées, se perdre dans la Jamaïque, et ce n'est qu'à l'aide d'excitants énergiques, avec du poivre de Cayenne, par exemple, qu'il réussit à y prendre la même quantité de nourriture que dans son pays. Mais le carbone de ces substances ne trouve aucun emploi dans le corps, car la température de l'air est trop élevée ; la chaleur énervante du climat empêche le corps d'augmenter le nombre des inspirations par un mouvement soutenu, et conséquemment de mettre une proportion suffisante d'oxigène en rapport avec les matières consommées.

Les personnes dont les organes digestifs sont affaiblis, chez qui par conséquent l'estomac refuse de mettre les aliments dans l'état où ils conviennent à la combinaison avec l'oxigène, ne peuvent pas résister au climat rude de l'Angleterre; leur santé doit donc s'améliorer en Italie, et en général dans les pays méridionaux, car là elles respireront une proportion d'oxigène comparativement moins forte, et leurs organes auront encore assez de vigueur pour digérer une quantité moindre d'aliments. Si au contraire ces malades restent dans un pays froid, leurs organes respiratoires finissent eux-mêmes par succomber à l'action de l'oxigène.

Chez nous on voit en été prédominer les maladies du foie (maladies de carbone), tandis qu'en hiver les maladies pulmonaires (maladies d'oxigène) sont plus fréquentes.

Le refroidissement du corps, n'importe par quelle cause, augmente le besoin de manger. Ainsi le séjour dans le grand air, dans une voiture de voyage ou sur le pont d'un bateau, rehausse déjà l'appétit, sans que nous nous donnions du mouvement, car le corps se refroidit assez par le rayonnement de la chaleur émanée de lui et par la transpiration rapide.

Il en est de même pour les personnes qui ont l'habitude de boire de grandes quantités d'eau ; cette eau étant évacuée après avoir été portée à 37°, absorbe dans le corps beaucoup de chaleur ; elle doit donc également augmenter l'appétit. Les personnes d'une constitution débile doivent, par un mouvement soutenu, ramener au corps l'oxigène nécessaire pour restituer la chaleur passée à l'eau froide.

Les efforts de la voix pour parler ou pour chanter, les cris chez les enfants, le séjour dans l'air humide, et beaucoup d'autres causes influent sur l'appétit par la même raison.

CHAPITRE IV.

RESPIRATION.

18. Nous avons admis, dans le chapitre précédent, que le carbone et l'hydrogène des aliments servent à se combiner avec l'oxigène et à produire la chaleur animale; les observations les plus simples démontrent en effet que l'hydrogène des aliments joue un rôle tout aussi important que leur carbone.

Maintenant, pour bien saisir les phénomènes de la respiration, examinons un animal dans l'état d'abstinence complète. Cet animal continue de respirer comme auparavant, il puise toujours de l'oxigène dans l'air et exhale de l'acide carbonique, ainsi que de la vapeur d'eau. La source qui fournit ces produits ne peut pas être douteuse, car nous voyons diminuer en même temps le carbone et l'hydrogène du corps de l'animal. En effet, comme premier effet de la faim, nous remarquons la disparition de la graisse; mais cette graisse ne se retrouve ni dans les fécès solides ni dans les urines, son carbone et son hydrogène ont été évacués par la peau et le poumon, sous forme de combinaisons oxigénées; les parties constituantes de cette graisse ont donc servi à la respiration.

Il faut se rappeler qu'un homme absorbe par jour environ 1015 grammes d'oxigène ; on peut donc juger de la perte considérable que doit éprouver un individu affamé, puisque chaque respiration lui fait, par cet oxigène, perdre une partie de son corps.

Currie a vu un malade qui ne pouvait pas avaler perdre, dans l'espace d'un mois, plus de 50 kilogrammes de son poids. Le même savant rapporte aussi qu'un porc gras englouti par l'effet d'un éboulement perdit 60 kilogrammes, après avoir vécu sous terre sans nourriture pendant 160 jours*.

19. La manière d'être des animaux hibernants, l'accumulation périodique de la graisse chez d'autres espèces animales, la disparition totale de cette graisse à certaines époques de la vie, beaucoup d'autres phénomènes enfin démontrent que l'oxigène, dans la respiration, ne fait aucun choix quant aux matières susceptibles de se combiner avec lui. Cet élément se combine donc avec tout ce qui lui est offert, et l'on peut dire, dans le cas où l'exhalation de l'acide carbonique est comparativement plus forte que celle de la vapeur d'eau, que cela provient d'un manque d'hydrogène, puisque, en général, à la température habituelle du corps, l'affinité de l'hydrogène pour l'oxigène surpasse de beaucoup l'affinité du charbon pour ce dernier élément.

* Martell, dans les *Transactions for the Linnean Society*, vol. XI, p. 411.

L'expérience prouve en effet que les herbivores exhalent un volume d'acide carbonique égal au volume de l'oxigène absorbé, tandis que chez les carnivores, la seule classe animale qui mange de la graisse, il s'absorbe plus d'oxigène qu'il n'en correspond à l'acide carbonique exhalé, et même dans beaucoup de cas, on a constaté chez ces derniers une exhalation d'acide carbonique égale seulement à la moitié du volume de l'oxigène. Ces observations sont très concluantes.

Dans les individus qui endurent la faim, non seulement la graisse disparaît peu à peu, mais toutes les matières solides aussi finissent par se dissoudre graduellement. Voyez les cadavres de ceux qui meurent d'inanition : ils sont amaigris, leurs muscles sont minces, rigides et privés de contractilité; tous les organes moteurs ont servi à préserver les autres tissus de l'action de l'atmosphère ; finalement les principes du cerveau eux-mêmes ont pris part à cette oxigénation ; de là la défaillance, le délire et, comme conséquence dernière, la mort, c'est-à-dire la cessation de toute résistance à l'oxigène atmosphérique, l'invasion des actions chimiques, de la pourriture, de la combustion de toutes les parties du corps.

La mort suit l'inanition plus ou moins promptement, selon l'état d'obésité de l'individu, selon son état de mouvement ou d'agitation, et selon la température de l'air ; enfin elle dépend aussi de la présence ou de l'absence de l'eau, car, puisqu'il transpire continuellement de l'eau par la peau et les poumons, et que ce liquide est l'intermédiaire de tous les mouvements du corps, il est clair qu'en venant à manquer il doit accélérer la mort. Ainsi on a eu des exemples où, par suite de l'usage non interrompu de l'eau, la mort n'a eu lieu qu'au bout de vingt jours, et dans un cas même seulement après deux mois.

20. C'est encore l'action de l'atmosphère qu'il faut considérer comme la cause de la mort dans les maladies chroniques. Lorsque les substances destinées à l'entretien du travail respiratoire sont épuisées, lorsque les organes du malade refusent de fonctionner et perdent par conséquent la faculté de mettre les aliments dans l'état qui convient à leur combinaison avec l'oxigène, alors ces organes eux-mêmes sont sacrifiés, et l'oxigène se porte sur la substance des muscles, sur la graisse, et finalement sur la substance des nerfs et du cerveau. Nous aurons plus bas l'occasion de développer davantage ce fait.

Dès que les fonctions de la peau et du poumon éprouvent une perturbation, on observe dans les urines la présence de substances plus carbonées qui leur communiquent ordinairement une couleur brune; alors l'oxigène pénètre à travers tous les pores pour s'emparer des matières qui ne résistent pas à son action, et aux endroits où il n'a point d'accès, par exemple aux aisselles et aux pieds, on remarque la sécrétion de corps qui frappent les sens par leur état particulier ou par leur odeur.

21. La respiration est comme le contre-poids

ou, si l'on veut, comme le ressort qui entretient le mouvement dans une horloge; les mouvements respiratoires représentent les oscillations du pendule par lesquelles sa marche est réglée. Nous savons prévoir avec une exactitude rigoureuse les changements provoqués dans le jeu de l'horloge par l'allongement du pendule ou par les variations de la température, mais peu de gens connaissent, dans toute son étendue, l'influence que l'air et la température exercent sur la santé de l'homme, et cependant la recherche de ces conditions n'est pas plus difficile, ce me semble, que ne l'est celle des lois qui régularisent le mouvement d'une horloge.

CHAPITRE V.

RÉFUTATION DES ANCIENNES THÉORIES.

22. Des idées entièrement fausses sur la nature des forces et de leurs effets avaient amené les physiologistes à attribuer au système nerveux la production d'une partie de la chaleur animale. Cette opinion excluait, comme condition des effets nerveux, la métamorphose chimique des substances organiques, elle faisait donc naître le mouvement de lui seul, chose absolument impossible puisque tout effet a nécessairement une cause.

Certes, personne ne saurait sérieusement nier la part des appareils nerveux dans l'acte respiratoire; sans les nerfs, l'organisme ne peut éprouver aucune espèce de changement, ils servent d'intermédiaires à tous les mouvements. Ainsi c'est sous leur influence que les intestins préparent les substances destinées à la production de la chaleur animale par leur combinaison avec l'oxigène; aussi, dès que cessent les fonctions nerveuses, l'absorption de l'oxigène prend immédiatement une autre forme.

Cette vérité se trouve appuyée par un grand nombre d'observations. On a vu des chiens auxquels on avait fait la section de la protubérance annulaire du cervelet, ou qui avaient reçu des contusions aux tempes et à l'occiput, continuer pendant quelque temps de respirer, souvent même plus vivement que dans l'état de santé ; la circulation s'activait dans les premiers moments, puis les animaux refroidissaient, comme si une mort subite les avait frappés, et finissaient enfin par succomber. Des expériences semblables ont été faites dans la section de la moelle épinière et des nerfs pneumo-gastriques. Les mouvements respiratoires se succédaient aussi pendant quelque temps, mais l'oxigène ne trouvait plus sur son passage les substances avec lesquelles il s'était combiné dans l'état normal du corps, car les organes abdominaux qui avaient été paralysés, ne pouvaient plus les lui offrir.

Il est aisé de remarquer que cette singulière opinion sur le rôle des nerfs dans la calorification avait sa source dans cette autre hypothèse, qui admettait la transformation directe, dans le sang, de l'oxigène en acide carbonique. Si cela était, on aurait nécessairement dû voir, dans les expériences précédentes, augmenter la température du corps des animaux.

De la même manière que la section des nerfs pneumo-gastriques arrête les mouvements de l'estomac et, par conséquent, la sécrétion du suc gastrique, c'est-à-dire qu'elle met un terme au travail digestif ; de même aussi la paralysie des organes abdominaux imprime une autre direction à l'acte respiratoire, car la respiration et la digestion ont entre elles les liens les plus intimes et dépendent l'une de l'autre.

23. On avait remarqué qu'il se dégage de la chaleur par la contraction des muscles, à peu près comme en émet un morceau de caoutchouc brusquement étiré, et cette observation avait suffi pour faire attribuer une partie de la chaleur animale aux mouvements mécaniques du corps. Mais, en embrassant cette opinion, on n'avait pas réfléchi que les mouvements ne peuvent pas se produire seuls, sans une certaine dépense de force consommée par eux.

Lorsque le charbon brûle dans l'oxigène, lorsqu'un métal se dissout dans un acide, lorsque les deux électricités se combinent, il se produit de la chaleur. Mais il se développe aussi de la chaleur par le frottement rapide d'un corps sur un autre.

Ainsi, par une foule de causes entièrement différentes, nous pouvons produire le même effet; remarquons bien que, dans tous ces phénomènes, il y a toujours à considérer la matière qui subit les transformations, qui reçoit un mouvement nouveau, qui agit enfin sur nos sens d'une manière particulière, suivant la nature de la force à laquelle elle doit son mouvement; c'est donc cette matière par laquelle l'effet se manifeste, il faut donc bien la distinguer de la force.

Le feu, placé sous une chaudière à vapeur, peut produire toute espèce de mouvement; de même une quantité donnée de mouvement peut, à son tour, produire du feu.

Un morceau de sucre frotté sur une râpe éprouve aux faces de contact la même transformation que par une chaleur élevée. Deux morceaux de glace frottés l'un contre l'autre fondent aux points où ils se touchent.

Enfin, ajoutons à cela que des physiciens de premier ordre considèrent les phénomènes calorifiques comme de simples phénomènes de mouvement, par la raison que l'esprit ne conçoit pas qu'une matière, et même une matière impondérable, puisse être créée par l'effet d'une cause mécanique, frottement ou mouvement.

24. Abstraction faite des perturbations provoquées dans les fonctions animales par certaines actions électriques ou magnétiques, il faut donc admettre, comme la cause primitive de ces fonctions, les métamorphoses chimiques éprouvées par les substances alimentaires sous l'influence de l'oxigène; les parties des aliments qui ne subissent pas dans l'organisme cette combustion progressive, soit parce qu'elles sont incombustibles, soit que des circonstances particulières les empêchent de brûler, ces parties-là sont rejetées par l'économie sous forme d'excréments.

Or, il est impossible qu'une quantité donnée de carbone ou d'hydrogène, par les formes successives qu'elle prend dans l'économie avant d'être définitivement brûlée, dégage plus de chaleur qu'elle n'en produit en brûlant directement dans l'air ou dans l'oxigène.

Lorsque nous plaçons du feu sous une chaudière à vapeur, et que nous utilisons la force obtenue pour produire de la chaleur par le frottement, cette chaleur ne pourra jamais être plus grande que la chaleur qu'il a fallu pour chauffer la chaudière ; de même, la chaleur produite à l'aide d'un courant galvanique ne pourra, dans aucune circonstance, dépasser celle qu'a développée le zinc par sa dissolution dans l'acide, c'est-à-dire en déterminant le courant galvanique.

La même chose doit se dire quant aux phénomènes organiques. La contraction des muscles développe de la chaleur, cela est vrai ; mais la cause primitive de ce dégagement de chaleur, de ce mouvement, c'est nécessairement la métamorphose chimique de la substance des muscles contractés.

Un métal qui se dissout dans un acide fait naître un courant électrique ; ce courant, dirigé à travers un fil de fer, le transforme en aimant, et cet aimant, à son tour, produit différents effets ; nous attribuons alors la cause des phénomènes magnétiques au galvanisme, et la cause des effets galvaniques à la métamorphose chimique du métal.

Disons donc, pour nous résumer, que des forces entièrement différentes peuvent produire le même effet ; un ressort tendu, un courant d'air, une masse d'eau tombante, le feu d'une chaudière à vapeur, un métal qui se dissout dans un acide, ce sont là autant de forces diverses par lesquelles le même mouvement peut être provoqué. Mais le corps de l'animal ne renferme qu'une force unique, cause primitive de tous les mouvements, c'est, comme nous l'avons déjà dit, la métamorphose chimique des substances alimentaires sous l'influence de l'oxigène. La seule cause connue de l'activité vitale, chez les animaux comme chez les plantes, est donc une action purement chimique; lorsque cette action est contrariée, les phénomènes vitaux prennent une autre forme; lorsqu'elle est complétement arrêtée, ces phénomènes cessent de s'accomplir.

25. Suivant les expériences de M. Despretz, 1 gramme de carbone développe, par sa combustion, autant de chaleur qu'il en faut pour porter 105 grammes d'eau à 75°, ainsi en tout 105 fois 75°, c'est-à-dire 7875 degrés de chaleur. Les 435 grammes de charbon qui se transforment par jour en acide carbonique, dans le corps d'un homme adulte, développent par conséquent 435 fois 7875 degrés, c'est-à-dire 3425625 degrés de chaleur. Or, avec cette quantité de chaleur, on peut porter à la même température un gramme d'eau, ou bien porter à l'ébullition 34,2 kilogrammes d'eau; ou bien en chauffer à 37° 92,5 kilogrammes; ou enfin réduire en vapeur 6 kilogrammes d'eau à 37°.

Le corps de l'homme exhale par la peau et le poumon, dans l'espace de 24 heures, 1500 grammes de vapeur aqueuse; la quantité de chaleur nécessaire à la vaporisation de cette eau étant déduite du nombre précédent, il reste encore 162093 degrés de chaleur, que le corps perd par le rayonnement, par l'échauffement de l'air exhalé par les fèces et par l'urine.

On n'a pas tenu compte, dans ces calculs, de la

chaleur produite par la combustion de l'hydrogène ; il faut se rappeler aussi que la chaleur spécifique des os, de la graisse et des organes en général est bien moindre que celle de l'eau, c'est-à-dire que pour être portés à 37°, ils exigent bien moins de chaleur qu'un poids égal d'eau. Tout cela étant pris en considération, il ne peut donc plus y avoir de doute que la chaleur produite dans l'organisme par les actes de combustion ne suffise entièrement à maintenir dans le corps des animaux une température constante, et à y entretenir la transpiration.

26. Les expériences faites jusqu'à présent par les physiciens sur la quantité d'oxigène qu'un animal consomme dans un temps donné, sont sans aucune portée, et il faut conséquemment rejeter les conclusions tirées de ces expériences en faveur de la production de la chaleur animale ; car cette quantité d'oxigène varie suivant la température, la densité de l'air, suivant l'état de mouvement ou d'agitation de l'individu, suivant la quantité et la qualité des aliments consommés par lui, suivant la nature de ses vêtements, et enfin suivant le temps mis pour consommer les aliments.

Ainsi les prisonniers du pénitentiaire de Marien schloss consomment par jour environ 328 grammes de carbone ; ceux de la maison d'arrêt de Giessen, et qui sont entièrement privés de mouvement, n'en consomment pas plus de 265 grammes*. Dans un

* *Document* V.

ménage à ma connaissance, et qui est composé de neuf personnes, dont quatre enfants et cinq adultes, chaque individu consomme terme moyen 297 grammes de carbone *.

On peut admettre approximativement que les quantités d'oxigène absorbées sont dans le rapport de ces nombres, mais il faut bien observer que l'usage de la viande, du vin et de la graisse les modifie par suite de la combustion de l'hydrogène de ces aliments, qui, en se transformant en eau, produit une bien plus grande quantité de chaleur qu'un même poids de charbon en combustion.

27. Quant à la détermination de la quantité de chaleur développée par un animal, pour une consommation donnée d'oxigène, les expériences qui y ont trait n'ont pas plus de valeur que celles dont je viens de parler. Voyons en effet comment ces expériences furent faites : on fit respirer des animaux dans des espaces renfermés, entourés d'eau froide et dont on appréciait la température à l'aide d'un thermomètre pour la comparer avec celle du milieu ambiant ; de plus on détermina, par l'analyse de l'air rentré et de l'air ressorti, la quantité de l'oxigène disparu et de l'acide carbonique produit. Ces expériences donnèrent

* Dans ce ménage on consomme par mois 75 1/2 kilogrammes de pain bis, 35 kilogrammes de pain blanc, 66 kilogrammes de viande, 9 1/2 kilogrammes de sucre, 8 kilogrammes de beurre, 57 litres de lait Je compte pour les excréments le carbone des légumes, des pommes de terre, du gibier, de la volaille et du vin.

ce résultat, que les animaux perdaient plus de chaleur qu'il n'en correspondait à l'oxigène consommé, et cet excès s'élevait même à 1/10 *. Il est clair que si l'on avait intercepté la respiration des animaux, après les avoir placés dans l'appareil, on aurait vu, pareillement, l'eau du calorimètre recevoir de la chaleur, sans qu'il y eût eu consommation d'oxigène. Dans les expériences de M. Despretz, la température de l'animal était de 38° et celle de l'eau du calorimètre de 8°, 5. Selon moi, ces expériences prouvent simplement que lorsqu'il y a une grande différence entre la température du milieu ambiant et celle du corps privé de mouvement, la chaleur dégagée par le corps est plus forte que celle qui est produite par la combustion de l'oxigène; car si les animaux peuvent se mouvoir librement, ils aspirent, dans le même temps, bien plus d'oxigène, conséquemment la perte de chaleur, c'est-à-dire la différence de la température de leur corps sur celle du milieu est moins grande.

Cette différence de température est surtout sensible pour l'homme et les animaux dans certaines saisons; nous exprimons cet état en disant que nous avons froid. De même, par exemple, un homme qui serait enveloppé d'un vêtement métallique et qui aurait pieds et mains liés, perdrait bien plus de chaleur, tout en consommant la même quantité d'oxigène, que s'il était habillé de laine ou de fourrure, et même, dans

* Suivant M. Despretz; cet excès serait même de 1/5 d'après Dulong.

ce dernier cas, il suerait, c'est-à-dire que de l'eau chaude sortirait, comme d'une source, des pores subtils de sa peau.

Ajoutez à cela qu'on s'est assuré par des expériences précises que pour des animaux maintenus dans une position gênée, par exemple couchés sur le dos, la température du corps diminuait sensiblement, et notre opinion sera certainement partagée.

Nous le répétons, aucune des expériences qu'on avait invoquées ne démontre dans le corps des animaux une autre source de chaleur que le travail respiratoire.

CHAPITRE VI.

COMPOSITION DU SANG.

28. Si, d'une part, on désigne sous le nom de *vie nerveuse* la production des forces ou du mouvement et, d'autre part, sous celui de *vie végétative* la résistance opposée à ce mouvement ou l'état d'équilibre des forces, il est clair que dans le jeune âge la vie végétative doit, chez toutes les classes animales, dominer la vie nerveuse.

Le passage de la matière en mouvement à l'état de repos se manifeste par une augmentation de masse, par une restitution des substances consommées ; le mouvement, la production des forces, consiste en une consommation de substances. Cette consommation est dans le jeune animal plus faible que l'accroissement de sa masse.

La vie végétative est aussi plus intense chez la femelle, et cet état de prépondérance persiste même plus longtemps que chez le mâle, où il cesse dès que les organes ont atteint leur complet développement ; en effet, l'animal femelle devenant, à certaines époques de l'année, susceptible de reproduire sa race par suite de l'accomplissement de quelques conditions particulières de température ou d'alimentation, la vie végétative s'exalte nécessairement chez lui ; la femelle produit alors plus qu'elle ne consomme elle-même.

La propagation de la race humaine n'est pas assujettie à ces conditions extérieures, elles n'influent donc pas sur la vie végétative de la femme ; aussi, dès que ses organes sont développés, la femme est-elle, dans toutes les saisons, susceptible de la reproduction, elle peut concevoir à toutes les époques de l'année ; une sagesse infinie a placé dans son corps la faculté de produire, jusqu'à un certain période de la vie, tous les principes de ses organes en plus grande quantité qu'ils ne sont nécessaires à la réparation des pertes éprouvées par son propre organisme. Ces principes doivent naturellement renfermer tous les éléments d'un être semblable à la mère ; ils augmentent peu à peu et sont évacués périodiquement, jusqu'à ce qu'ils trouvent de l'emploi.

Dès que l'œuf est fécondé, l'évacuation de ces principes cesse ; alors chaque goutte de sang produite en plus par la mère est façonnée par elle pour la création d'un nouvel organisme semblable au sien.

Trop de mouvement ou d'efforts diminue la quantité du sang excrété dans les menstrues. Dans la suppression maladive des règles, la prépondérance de la vie végétative se déclare par une formation anormale de graisse. La même chose s'observe chez les hommes, où la vie végétative n'est plus en équilibre avec la vie nerveuse ; ainsi, dès que l'intensité de celle-ci, comme chez les castrats, est diminuée, alors l'autre se manifeste pareillement par une surabondance de graisse.

29. Si l'on établit en principe que l'accroissement du corps, le développement de ses organes, la reproduction de l'espèce se font par les éléments du sang, il est évident qu'on ne pourra donner le nom d'aliments qu'aux corps susceptibles de se sanguifier. Pour savoir quelles sont les matières capables de se transformer en sang, il faut donc examiner la composition des aliments et la comparer avec celle de ce liquide.

Deux matières sont à considérer comme les parties essentielles du sang : l'une, le *caillot* ou *cruor*, s'en sépare dès qu'il est soustrait à la circulation ; tout le monde, en effet, sait que le sang se coagule par le repos ; la partie liquide est jaunâtre et porte le nom de *sérum*. Lorsqu'on agite ou qu'on fouette le sang à mesure qu'il sort des vaisseaux, la séparation de ces deux parties s'effectue le mieux ; le caillot s'attache alors à la verge à l'état de fils mous et élastiques ; ce n'est autre chose que de la *fibrine*, identique dans toutes ses propriétés à la fibre musculaire, purifiée des matières étrangères. Un autre principe chimique est contenu dans le sérum ; c'est l'*albumine*, identique à l'albumine des œufs et communiquant en effet au sang les propriétés du blanc d'œuf. Il se coagule par la chaleur, en donnant une masse blanche et élastique.

La fibrine et l'albumine, ces principes essentiels du

sang, renferment en tout sept éléments chimiques, parmi lesquels on remarque l'azote, le phosphore et le soufre, ainsi que l'élément des os. On trouve, en dissolution dans le sérum, du sel marin et d'autres sels à base de potasse et de soude et formés par l'acide carbonique, l'acide phosphorique et l'acide sulfurique. Les globules sanguins contiennent de la fibrine et de l'albumine, ainsi qu'une matière colorante rouge dans laquelle il entre toujours du fer comme partie constituante. Enfin, outre ces corps, le sang renferme encore quelques corps gras, en petite quantité, et qui diffèrent des graisses ordinaires par plusieurs propriétés.

30. L'analyse chimique a conduit à ce résultat remarquable, que l'albumine et la fibrine renferment les mêmes éléments organiques, unis entre eux dans les mêmes proportions de poids, de telle sorte qu'en faisant, par exemple, deux analyses, l'une de fibrine et l'autre d'albumine, on n'obtiendrait, pour la composition centésimale de ces corps, pas plus de différence que pour deux analyses faites sur une même fibrine ou sur une même albumine. La différence de leurs propriétés prouve que les éléments sont diversement groupés dans ces deux principes; mais ils sont identiques dans leur composition.

Ce fait a été tout récemment confirmé, d'une manière directe, par un savant physiologiste, M. P. Denis, qui est parvenu à transformer artificiellement la fibrine en albumine, c'est-à-dire à communiquer à la première les caractères de solubilité et de coagulabilité qui distinguent le blanc d'œuf.

Outre l'identité de composition, ces deux principes partagent encore cette propriété chimique, qu'ils se dissolvent tous deux dans l'acide hydrochlorique avec une couleur bleu d'indigo foncé, et donnent ainsi un liquide qui se comporte de la même manière avec tous les réactifs.

Dans le travail vital, l'albumine et la fibrine du sang peuvent, l'une et l'autre, devenir fibre musculaire, et réciproquement la substance des muscles peut se transformer de nouveau en sang. Les physiologistes sont depuis longtemps d'accord sur ce point, mais il appartenait à la chimie de démontrer que ces métamorphoses s'effectuent, pour l'un et l'autre corps, sans l'intervention d'aucun élément étranger, c'est-à-dire sans que rien s'ajoute à eux-mêmes.

51. Comparons maintenant la composition des divers tissus animaux avec celle de l'albumine et de la fibrine.

Toutes les parties du corps qui possèdent une forme définie, qui appartiennent par conséquent à des organes, renferment de l'azote. Aucune partie d'organe douée de mouvement et de vie n'est privée de cet élément; toutes contiennent, en outre, du carbone et les éléments de l'eau, ces derniers toutefois n'y sont jamais dans les proportions de l'eau.

Les principes essentiels du sang renferment sensiblement 17 pour cent d'azote; cette même quantité se retrouve dans toutes les parties des organes. (*Document* VII.)

Les expériences les plus concluantes ont démontré que l'économie animale est incapable de créer aucun élément chimique ; elle ne peut produire ni charbon ni azote avec des substances où manquent ces éléments. Il est donc évident que toutes les substances alimentaires destinées à la sanguification ou à la formation des tissus, des membranes, de la peau, des poils, des muscles, que tous les aliments, disons-nous, doivent renfermer une certaine proportion d'azote, cet élément entrant dans la composition des organes, et cela doit être non seulement parce que les organes ne peuvent pas créer de l'azote avec d'autres éléments, mais encore parce que l'azote de l'atmosphère ne trouve pas d'emploi dans le travail vital.

Le cerveau et les nerfs renferment une grande quantité d'albumine, ainsi que deux acides gras particuliers, renfermant du phosphore (peut-être de l'acide phosphorique). Suivant M. Frémy, l'un de ces acides gras renferme de l'azote.

Enfin l'eau et la graisse constituent les principes non-azotés de l'économie animale. Toutes deux sont dépourvues de forme et ne prennent part au travail vital qu'autant qu'elles servent d'intermédiaires entre les diverses fonctions.

Quant aux principes minéraux renfermés dans l'organisme animal, ils sont représentés par la chaux, le fer, la magnésie, le sel marin et les alcalis.

CHAPITRE VII.

COMPOSITION DES ALIMENTS VÉGÉTAUX AZOTÉS.

32. Les carnivores sont, de tous les animaux, ceux qui, dans la nutrition, suivent la marche la plus simple. Ils vivent du sang et de la chair des herbivores et des granivores ; or, ce sang et cette chair sont identiques, dans toutes leurs propriétés, au sang et à la chair des carnivores eux-mêmes ; il n'y a, à cet égard, aucune différence chimique ni physiologique.

Les aliments des carnivores dérivent donc du sang; ces aliments se liquéfient dans l'estomac et peuvent alors être transportés dans d'autres parties du corps; ils redeviennent du sang, et celui-ci, par suite des métamorphoses continuelles qu'il éprouve, répare toutes les pertes éprouvées par l'économie.

Sauf les ongles, les poils, les plumes et la substance des os, aucune partie des aliments des carnivores ne résiste à l'assimilation.

Chimiquement parlant, on peut donc dire que le carnivore se consomme lui-même pour entretenir ses fonctions vitales ; mais, précisément, ce qui lui sert de nourriture est identique aux parties que les organes ont à réparer.

33. La nutrition des herbivores se présente, en apparence, tout autrement; leurs appareils digestifs sont moins simples, et leurs aliments consistent en matières végétales qui ne renferment proportionnellement que peu d'azote.

Quels sont alors, peut-on demander, les matières d'où se forme le sang des herbivores, quelles sont les substances d'où se développent leurs organes?

Cette question peut être résolue d'une manière fort précise.

En effet, il résulte des recherches chimiques, que toutes les parties végétales servant de nourriture aux animaux renferment certains principes fort azotés, et l'expérience journalière démontre que les animaux exigent, pour leur entretien, d'autant moins de ces parties végétales qu'elles sont plus riches en principes azotés; lorsque l'azote y manque, les parties végétales ne les nourrissent pas.

Ces principes azotés se rencontrent surtout en abondance dans la graine des céréales, dans les pois, les lentilles, les fèves, dans certaines racines et dans le suc de nos légumes; du reste, ils ne manquent complétement dans aucune plante ni dans aucune de ses parties.

Ils peuvent, en général, se réduire à trois corps, aisés à distinguer par leurs caractères: deux d'entre eux sont solubles dans l'eau, le troisième ne s'y dissout pas.

34. Lorsqu'on abandonne à lui-même un suc végé-

tal récemment exprimé, il s'y dépose, au bout de quelques minutes, un précipité gélatineux, ordinairement de couleur verte, et qui, traité par certains liquides destinés à lui enlever sa matière colorante, laisse enfin une matière d'un blanc grisâtre. C'est là un des aliments azotés des herbivores; il a reçu le nom de *fibrine végétale*.

Le suc des graminées surtout est chargé de ce principe; il se rencontre en abondance dans la graine du blé et en général de toutes les céréales. Quelques opérations fort simples suffisent pour l'extraire de la farine de froment, dans un état de pureté assez grande. Ainsi obtenu, il porte le nom de *gluten*; mais il est à remarquer que la viscosité qui le caractérise, ne lui est pas inhérente, mais provient du mélange d'une matière gluante qui manque dans la graine des autres céréales.

La fibrine végétale, comme l'indique déjà le procédé de son extraction, est insoluble dans l'eau; cependant elle est d'abord en dissolution dans le suc de la plante vivante, et ne s'en sépare que plus tard, comme c'est le cas de la fibrine du sang.

35. L'autre aliment azoté se trouve également en dissolution dans le suc des plantes, mais il ne s'en sépare pas à la température ordinaire, et seulement lorsque le suc est porté à l'ébullition.

Ainsi, lorsqu'on fait bouillir, après l'avoir clarifié, le suc d'un légume, par exemple des choux-fleurs, des asperges, des navets ou des raves, il s'y produit un coagulum impossible à distinguer, ni par ses caractères extérieurs, ni par ses autres propriétés, du corps qui se sépare à l'état de coagulum par l'ébullition du sérum du sang ou du blanc d'œuf étendu d'eau. C'est donc l'*albumine végétale* ; elle se rencontre surtout en grande quantité dans certaines semences, dans les noix, les amandes, et dans d'autres qui, au lieu de contenir de la fécule comme la graine des céréales, renferment, en place, de l'huile ou des matières grasses.

36. Enfin, le troisième aliment azoté élaboré par les plantes constitue la *caséine végétale*. Elle se rencontre particulièrement dans le péricarpe des pois, des fèves et des lentilles ; soluble dans l'eau, comme l'albumine végétale, elle s'en distingue en ce que sa dissolution n'est point coagulée par la chaleur. Pendant l'évaporation, cette dissolution se couvre d'une pellicule ; de même elle se coagule, comme le lait des animaux, par l'addition des acides.

Ces trois principes, la fibrine, l'albumine et la caséine végétales, sont les véritables aliments azotés des herbivores. Souvent les plantes renferment encore d'autres substances azotées, quelquefois vénéneuses ou médicamenteuses, mais elles sont mélangées aux aliments en proportion si faible qu'elles ne sauraient contribuer au développement du corps.

37. Il résulte de l'analyse chimique de ces principes,

qu'ils renferment tous les trois les mêmes éléments, unis dans les mêmes proportions, et, ce qui est encore plus remarquable, qu'ils ont identiquement la même composition que les principes essentiels du sang, la fibrine et l'albumine. Tous les trois se dissolvent, comme ceux-ci, dans l'acide hydrochlorique concentré avec une couleur bleu d'indigo, et même la fibrine et l'albumine végétales partagent toutes les propriétés physiques de la fibrine et de l'albumine animales; non seulement cette identité de composition se présente pour les éléments organiques qui constituent ces principes, mais elle s'étend aussi jusqu'aux proportions de phosphore, de soufre, de substance calcaire et d'alcalis. (*Doc.* VIII.)

On est vraiment surpris, en réfléchissant à cela, de voir l'admirable simplicité avec laquelle procède le développement de l'organisme animal. Les substances végétales que les animaux emploient à produire du sang renferment, tout formés, les principes essentiels de ce liquide; outre cela, les plantes contiennent toutes une certaine quantité de fer qu'on retrouve dans la partie colorante du sang.

Quelle que soit leur origine, qu'elles viennent des plantes ou des animaux, la fibrine et l'albumine offrent à peine quelque différence de forme. Lorsque ces substances manquent dans les aliments, la nutrition ne peut s'accomplir chez l'animal; lorsqu'au contraire elles s'y trouvent, l'herbivore, en les consommant, reçoit les mêmes matières que celles que le carnivore exige pour son entretien.

L'économie végétale élabore donc le sang de tous les animaux, car, à proprement parler, la chair et le sang des herbivores, consommés par les carnivores, ne sont autre chose que les substances végétales dont les premiers s'étaient nourris. En effet, la fibrine et l'albumine végétales prennent, dans l'estomac de l'herbivore, absolument la même forme que reçoivent, dans l'estomac du carnivore, la fibrine et l'albumine animales.

Disons, par conséquent, pour nous résumer, que le développement de l'organisme, l'accroissement de l'animal est assujetti à la préhension de certaines substances identiques aux principes essentiels de son sang. L'économie animale ne crée le sang que sous le rapport de la forme, elle n'en saurait produire avec des corps qui n'en contiendraient pas déjà les principes constitutifs; cependant elle n'est pas, pour cela, privée de la faculté de produire d'autres combinaisons; bien au contraire, elle détermine la formation d'une grande série de corps, différant par leur composition des principes du sang, mais c'est précisément le point de départ de cette série, les principes du sang eux-mêmes que la végétation seule engendre.

L'organisme animal peut être considéré comme une plante supérieure qui se développe aux dépens des matières avec la production desquelles s'éteint la vie dans une plante ordinaire; dès que celle-ci a porté des graines, elle meurt, ou du moins elle achève une des périodes de sa vie.

Il n'existe aucune lacune, aucune interruption dans cette série infinie qui commence par les principes nutritifs des plantes, c'est-à-dire par l'eau, l'acide carbonique et l'ammoniaque, pour s'élever jusqu'aux principes les plus complexes du cerveau. Le dernier produit de l'activité créatrice des plantes constitue la première substance alimentaire du règne animal.

Quant à la substance des cellules, des membranes, des nerfs et du cerveau, les plantes ne les produisent pas.

Celui qui s'étonnerait de voir les végétaux créer les principes du sang, n'aurait qu'à se rappeler que la graisse de bœuf ou de mouton se rencontre toute formée dans les semences de cacao, que la graisse humaine se retrouve dans l'huile d'olive, que le beurre de vache est identique au beurre de palme, que toutes les graines oléagineuses enfin renferment de la graisse humaine et de l'huile de poisson.

CHAPITRE VIII.

COMPOSITION DU LAIT.

38. On ne saurait plus, d'après ce qui précède, avoir les moindres doutes sur la manière dont l'accroissement des organes s'effectue dans les animaux. Mais il nous reste encore à résoudre une autre question, celle de savoir en quoi consiste, dans l'économie animale, le rôle des substances non azotées, c'est-à-dire du sucre, de l'amidon, de la gomme, de la pectine, etc.

Les herbivores ne peuvent pas vivre sans ces substances, et si ces animaux n'en trouvent une certaine quantité dans leurs aliments, leurs fonctions vitales s'arrêtent promptement; cela doit aussi se dire des carnivores, considérés dans la première période de leur existence, car alors leur nourriture contient toujours certains principes dont l'organisme n'a plus besoin pour sa conservation une fois qu'il s'est complétement développé.

Dans le jeune âge, les carnivores se nourrissent évidemment de la même manière que les herbivores; leur accroissement est soumis à la préhension d'un liquide particulier, le *lait*, qui est sécrété dans le corps de la mère.

Le lait ne renferme qu'un seul principe azoté, c'est la matière caséeuse ou *caséine*; outre cela, il contient principalement une matière grasse, le *beurre*, et une matière saccharine, le *sucre de lait* ou *lactine*.

Le principe azoté du lait constitue nécessairement la matière première d'où se forment le sang du jeune animal, ses muscles, son tissu cellulaire, ses nerfs et ses os, car ni le beurre ni le sucre de lait ne renferment d'azote.

39. L'analyse chimique a conduit à ce résultat remarquable qui ne doit du reste plus nous surprendre, d'après ce que nous avons vu précédemment, que la composition de la caséine est identique à la composition de la fibrine et de l'albumine, les deux principes essentiels du sang, et, ce qui plus est, que les propriétés de cette caséine sont absolument les mêmes que celles de la caséine des plantes. On peut donc dire que certaines plantes, comme les pois, les fèves, les lentilles, engendrent le même corps qui naît du sang de la mère et d'où se forme le sang du jeune animal. (*Doc.* IX.)

La caséine se distingue surtout de la fibrine et de l'albumine par sa grande solubilité et par son incoagulabilité sous l'influence de la chaleur. En recevant de la caséine, le jeune individu ne reçoit, à proprement parler, que le sang de sa mère; lorsque la caséine se transforme en sang, cela s'effectue sans l'intervention d'un troisième corps, et, réciproquement, il ne se sépare rien des principes du sang de la mère, lorsque ce sang se convertit en caséine.

La caséine du lait renferme, en combinaison chimique, bien plus de substance osseuse que le sang lui-même, et cette substance osseuse s'y trouve dans un état de solution extrême, de sorte qu'elle peut aisément être transportée dans toutes les parties du corps. Ainsi, par le lait, le jeune animal reçoit à la fois tous les principes organiques et tous les principes minéraux nécessaires à la formation du sang et des os.

40. Quelles sont alors les fonctions du sucre et de la matière grasse du lait? Pourquoi ces corps sont-ils indispensables à la vie?

Le beurre ni le sucre ne renferment des bases fixes, ils ne contiennent ni chaux, ni soude, ni potasse. Le sucre de lait possède une composition analogue à celle des sucres ordinaires, de l'amidon et de la gomme; comme ces matières, il ne renferme que du charbon et les éléments de l'eau, et ces derniers exactement dans les proportions de l'eau.

Lorsque l'animal consomme ces deux principes non azotés, il s'ajoute donc aux principes azotés à lui offerts en même temps une certaine quantité de carbone, ou, dans le cas où il prend du beurre, une certaine quantité de carbone et d'hydrogène; l'animal consomme donc un excès d'éléments, excès qui ne saurait servir à la sanguification, puisque, comme nous l'avons déjà dit, les aliments azotés renferment déjà les quantités de carbone nécessaires à la formation de la fibrine et de l'albumine.

Les raisonnements auxquels nous allons nous livrer démontrent que cet excès de carbone, ou de carbone et d'hydrogène, sert uniquement à la production de la chaleur animale, c'est-à-dire qu'il sert à opposer une résistance à l'action extérieure de l'oxigène.

CHAPITRE IX.

COMPOSITION DES EXCRÉMENTS.

41. Considérons, pour saisir nettement le mode de nutrition des deux classes animales, les transformations qu'éprouvent les aliments dans l'organisme d'un carnivore.

On donne à manger à un serpent adulte une chèvre, un lapin ou un oiseau. Les poils, les sabots, les plumes et les os de ces animaux sont rejetés par le serpent, en apparence sans avoir subi de changement, car on remarque à ces parties leur forme et leur texture naturelles; seulement elles sont plus rigides, car elles n'ont perdu que l'unique principe soluble qu'elles renfermaient, c'est-à-dire la matière gélatineuse. Le serpent, comme les oiseaux carnivores, ne donne pas de véritables féces.

Le serpent reprend peu à peu son poids primitif, et il se trouve alors que la chair, la graisse, le sang, les parties cérébrales et nerveuses de l'animal consommé par lui ont complétement disparu. Le seul excrément qu'il évacue par les voies urinaires, c'est une matière blanche à l'état sec comme de la craie, fort azotée et mélangée de carbonate et de phosphate de chaux.

Cet excrément n'est autre chose que de l'urate d'ammoniaque, combinaison chimique où l'azote se trouve avec le carbone dans le même rapport que dans le carbonate acide d'ammoniaque ; il renferme 1 équivalent d'azote pour 2 équivalents de carbone.

Or, la fibre musculaire, le sang, les membranes, les tissus de l'animal consommé contenaient, pour la même quantité d'azote, quatre fois autant de carbone, c'est-à-dire 8 équivalents ; si l'on ajoute à cela le carbone de la graisse, de la substance nerveuse et du cerveau de cet animal, il est évident que le serpent aura assimilé, pour 1 équivalent d'azote, bien plus de 8 équivalents de carbone. Supposons maintenant que l'urate d'ammoniaque renferme tout l'azote de l'animal consommé, nous voyons qu'il manque dans les excréments tout au moins 6 équivalents de carbone ; ce carbone aura nécessairement été rejeté sous une autre forme que les 2 équivalents de carbone retrouvés dans les excréments.

Cette forme nous la connaissons. Nous savons d'une manière positive que le carbone manquant a été évacué par le poumon et la peau sous la forme d'une combinaison oxigénée.

MM. L. Gmelin et Tiedemann ont fait l'analyse des excréments extraits du cloaque d'un busard nourri avec du bœuf; ils les ont également trouvés composés d'urate d'ammoniaque.

De même, on sait que les excréments du lion et du tigre sont secs et en petite quantité ; ils renferment en plus grande partie de la substance osseuse et des traces seulement de matières carbonées. L'urine de ces animaux ne contient pas d'urate d'ammoniaque, mais il y a de l'urée, substance qui renferme de l'azote et du carbone dans les proportions du carbonate neutre d'ammoniaque. Ils se nourrissent de chair, et nous savons que l'azote y est au carbone dans le rapport de 1 : 8 ; or, dans l'urine, ces deux éléments ne se retrouvent que dans le rapport de 1:1 ; il y a donc dans ce liquide une moindre proportion de carbone que dans les excréments des serpents, ce qui s'explique, puisque chez ces derniers la respiration est bien moins active.

Tout le charbon et tout l'hydrogène que contiennent les aliments de ces animaux en sus de la quantité retrouvée dans leurs excréments, tout cet excès disparaît par l'acte respiratoire à l'état d'eau et d'acide carbonique.

Si l'on brûlait dans un fourneau l'animal consommé par ces carnivores, les transformations seraient les mêmes, seulement il y aurait quelque différence dans la forme des nouveaux produits azotés ; on obtiendrait l'azote à l'état de carbonate d'ammoniaque, le restant du carbone à l'état d'acide carbonique, et le restant de l'hydrogène à l'état d'eau. Les parties incombustibles fourniraient des cendres, et les parties non brûlées donneraient de la suie. Or, les excréments solides ne sont autre chose que les parties alimentaires qui ne peuvent pas se brûler dans l'organisme ou qui n'y sont qu'imparfaitement brûlées.

42. Nous admettrons, par conséquent, que par l'action de l'oxigène qui pénètre dans l'organisme à travers la peau et le poumon, le charbon des aliments consommés se transforme en acide carbonique, tandis que l'azote s'unit à une partie de l'hydrogène pour être rejeté sous la forme d'une combinaison renfermant les éléments du carbonate d'ammoniaque.

Notre supposition n'est vraie qu'autant qu'on considère le phénomène dans son ensemble. Il est bien certain que le corps reprend son poids primitif au bout de quelque temps, et qu'il ne renferme, avant et après, ni plus ni moins d'hydrogène, de carbone ou d'azote; mais d'un autre côté il n'est pas moins positif que le carbone, l'azote et l'hydrogène évacués ne proviennent pas directement de la nourriture, lors même que celle-ci les fournirait à l'économie en égale quantité. Il serait vraiment déraisonnable d'admettre, comme but unique de l'apaisement de la faim, la production de l'urée, de l'acide urique, de l'acide carbonique et d'autres excréments, c'est-à-dire de matières destinées à être expulsées et à ne remplir aucune fonction dans l'économie.

Les aliments servent à l'animal adulte pour réparer ses pertes, pour lui restituer les parties d'organes où la vie s'est éteinte, et qui, par l'effet de certaines métamorphoses, ont perdu leur organisation.

Les aliments du carnivore s'emploient à former

du sang; le sang nouvellement produit régénère les organes métamorphosés. Ainsi le carbone et l'azote des aliments deviennent parties intégrantes de l'organisme.

Autant de carbone et d'azote les organes perdent par les mutations, autant leur en est restitué par le sang, et, en première instance, par les aliments.

CHAPITRE X.

FONCTIONS DU FOIE ET DES REINS.

43. Que deviennent les nouvelles combinaisons produites par les métamorphoses des organes, des muscles, des tissus, des nerfs, du cerveau?

Ces nouveaux produits ne peuvent nécessairement pas, lorsqu'ils sont solubles, persister à la place où ils ont pris naissance, car ils sont constamment entraînés par la circulation du sang.

Le cœur, comme on le sait, est le centre de deux systèmes de canaux qui se ramifient en une infinité de vaisseaux capillaires, dont le réseau est répandu dans tout le corps. Ce viscère, par l'effet de ses contractions continues, détermine à tout instant la formation d'un espace vide, de manière que tous les liquides susceptibles de pénétrer dans les canaux sont immédiatement refoulés par la pression atmosphérique vers l'un des côtés du cœur. Ce mouvement est du reste vigoureusement appuyé par le cœur lui-même; car cet organe fonctionne à la fois comme une pompe foulante, en ce qu'il lance du sang artériel dans toutes les parties du corps, et comme une pompe aspirante, puisqu'il tire à lui tous les liquides, quelle qu'en soit la nature, dès qu'ils peuvent pénétrer dans les vaisseaux absorbants qui s'embranchent avec les veines. Cette absorption, résultat du vide opéré dans le cœur, est purement mécanique, car elle a lieu sur les liquides de toute espèce, sur les dissolutions salines, sur les poisons, etc. Il est donc évident que tous les liquides, c'est-à-dire toutes les combinaisons solubles produites par la mutation des organes et qui se trouvent dans les capillaires, doivent, par suite du mouvement continu du sang artériel, recevoir une impulsion qui les dirige vers le cœur.

Mais ces matières ne peuvent plus servir à produire les mêmes organes d'où elles ont pris naissance; elles arrivent donc dans les veines par la voie des vaisseaux lymphatiques. Là, si elles venaient à s'accumuler, le travail de la nutrition serait bientôt arrêté, mais elles y rencontrent deux appareils de filtration qui s'opposent à cet encombrement.

En effet, avant de retourner au cœur, le sang veineux traverse le foie et le sang artériel traverse les reins de manière à s'y dépouiller de toutes les matières impropres à la nutrition. Ceux des nouveaux produits de cette métamorphose qui retiennent l'azote des organes ainsi transformés, se rassemblent dans la vessie urinaire, et là, ne trouvant plus d'emploi, sont rejetés par l'économie; ceux, au contraire, où le carbone reste fixé, se rendent, sous la forme d'une combinaison de soude soluble à l'eau en toutes proportions, dans la vésicule biliaire, pour être transportés ensuite dans le duodénum et s'y mélanger avec la pâte chymeuse.

Toutes les parties de la bile qui ne perdent pas leur solubilité par l'effet de la digestion se conservent donc dans un état d'extrême division, et s'en retournent dans l'organisme pendant que de nouveaux aliments se digèrent.

La soude et tous les principes carbonés* de la bile non précipitables par les acides faibles conservent la faculté d'être résorbés par les vaisseaux lymphatiques de l'intestin grêle et du gros intestin. Cette faculté de résorption peut se prouver d'une manière directe au moyen d'un lavement chargé de bile. On voit, par cette expérience, que la bile disparaît dans le rectum avec la partie liquide.

44. Nous établissons donc comme un fait bien avéré, que les combinaisons azotées résultant de la mutation des tissus organiques, sont séparées du sang artériel par l'action des reins, et, n'étant plus susceptibles de se métamorphoser davantage, sortent du corps, mais que les produits riches en carbone s'en retournent dans l'organisme du carnivore.

Comme la nourriture du carnivore est identique aux parties essentielles de son corps, on doit en conclure que les métamorphoses qu'éprouvent toutes les parties vivantes sont de même nature que celles que les aliments subissent dans le travail vital.

La chair et le sang consommés cèdent leur carbone pour l'entretien de l'acte respiratoire; leur azote se

* Leur quantité s'élève à 99/100 de celle des autres.

retrouve à l'état d'urée ou d'acide urique ; mais avant que cette transformation ultime s'effectue, la chair et le sang morts prennent de la vie, et c'est donc, à proprement parler, le carbone des combinaisons résultant de la mutation des parties vivantes qui sert à la production de la chaleur animale.

L'aliment du carnivore se transforme en sang ; le sang est destiné à la reproduction des organes ; par son mouvement circulatoire, il amène de l'oxigène à toutes les parties du corps. Les porteurs de l'oxigène, les globules sanguins, qui, comme on peut le démontrer, ne prennent aucune part à la nutrition, cèdent cet élément en traversant les vaisseaux capillaires. Alors l'oxigène, rencontrant dans son passage les combinaisons produites par la mutation des tissus, s'unit au carbone pour faire de l'acide carbonique, et à leur hydrogène qu'il change en eau ; tout ce qui résiste à cette oxigénation se sépare dans le corps à l'état de bile, et la bile elle-même finit par disparaître complétement.

La bile des carnivores renferme le carbone et l'hydrogène des tissus transmutés ; elle disparaît peu à peu pendant l'acte vital, et alors son carbone s'échappe par la peau et le poumon à l'état d'acide carbonique; son hydrogène est exhalé sous forme d'eau. Il est évident, d'après cela, que les principes de la bile servent à la respiration et, par conséquent, à la production de la chaleur animale.

Toutes les parties des aliments des carnivores peuvent se transformer en sang, mais leurs excréments ne renferment que de la matière inorganique (du phosphate de chaux); les petites quantités de substances qu'on y trouve mélangées ne sont que des excrétions destinées à favoriser le passage des excréments à travers les intestins. Chez les carnivores, les excréments ne contiennent pas de bile; on n'y trouve pas non plus de soude; délayés dans l'eau, ces excréments ne lui cèdent rien qui ressemble à de la bile, et cependant on sait que la bile est soluble dans ce liquide en toutes proportions.

45. Les physiologistes ne peuvent plus avoir de doute sur l'origine des principes de l'urine et de la bile.

Lorsque l'estomac se contracte par l'effet d'une abstinence prolongée, la vésicule biliaire, ne recevant plus de mouvement, ne peut pas épancher la bile qu'elle renferme, aussi la voyons-nous pleine et chargée dans le corps des individus morts d'inanition.

On conçoit maintenant comment on observe la sécrétion de la bile et de l'urine chez les animaux hibernants.

On a nourri avec du sucre des chiens seulement pendant dix-huit ou vingt jours, et leur urine contenait néanmoins la même quantité d'urée, ce principe le plus azoté de l'économie, que dans l'état de santé *.

* Marchand, dans le *Journal für praktische Chemie*, XIV, page 495.

Dans les cas où l'on observe des différences pour la quantité d'urée sécrétée, cela s'explique nécessairement, puisque les individus sur lesquels on avait expérimenté étaient privés de mouvement, et que le mouvement favorise précisément la mutation des tissus. Après une promenade, la sécrétion urinaire augmente toujours chez l'homme.

L'urine des mammifères, des oiseaux et des amphibies renferme de l'acide urique ou de l'urée ; la fiente des mollusques, des cantharides, des bombyx et des autres insectes, renferme de l'urate d'ammoniaque. La présence constante d'un ou de deux principes azotés dans les évacuations des animaux, malgré la variété des aliments, prouve bien que ces principes tirent leur origine d'une seule et même source.

Si l'on se rappelle que l'acétate de potasse, pris sous forme de lavement ou de bain de pied, rend l'urine éminemment alcaline *, et que la transformation subie dans l'économie par l'acide acétique, nécessite l'intervention de l'oxigène, il devient manifeste que les parties solubles de la bile, fort altérables, comme nous le savons, et qui retournent dans l'organisme par les intestins, doivent succomber à l'action de l'oxigène d'une manière tout analogue puisqu'elles ne peuvent pas servir à la sanguification. La bile, en effet, est une combinaison organique à base de soude ; toutes ses parties, sauf la soude, disparaissent dans le corps de l'animal.

* Rehberger, dans *Tiedemann's Zeitschrift für Physiologie*, II, page 149.

46. Suivant l'opinion de beaucoup de physiologistes distingués, la bile serait destinée à être évacuée; d'un autre côté, il est bien certain qu'une matière si peu azotée ne peut plus jouer aucun rôle dans le travail nutritif. Mais on n'a qu'à consulter les expériences quantitatives, pour se convaincre que la bile remplit dans l'économie un but bien déterminé, et qu'elle y subit certaines transformations.

Aucun organe ne renferme, parmi ses composants, de la soude ; cet alcali ne se rencontre en combinaison que dans le sérum du sang, la graisse cérébrale et la bile. Lorsque les combinaisons sodiques du sang passent à l'état de fibre musculaire pour former les membranes et les tissus, la soude qu'elles renferment doit entrer dans de nouvelles combinaisons ; le sang cède alors nécessairement sa soude aux produits formés par la mutation des tissus. Or, une de ces nouvelles combinaisons sodiques, nous la retrouvons dans la bile.

Si la bile était destinée à être tout simplement rejetée, nous devrions la retrouver intacte ou modifiée dans les excréments solides, et dans tous les cas on découvrirait dans ceux-ci la soude de la bile. Mais sauf un peu de sel marin et de sulfate de soude, qui sont les principes de tous les liquides animaux, on ne rencontre dans les excréments solides aucune trace de combinaison sodique.

Ainsi, nous le répétons, la soude de la bile retourne des intestins dans l'organisme, et cela doit se dire conséquemment aussi des substances organiques restées en combinaison avec cette soude.

47. Un homme sécrète par jour 500 à 750 grammes de bile; un grand chien en sécrète 1120 grammes ; un cheval, 8 $\frac{1}{2}$ kilogrammes *.

Or, les excréments solides d'un homme ne pèsent, terme moyen, pas plus de 165 grammes ; ceux d'un cheval, 14 $\frac{1}{4}$ kilogrammes, composés, suivant M. Boussingault, de 10 $\frac{1}{2}$ kil. d'eau et de 3 $\frac{3}{4}$ kil. de matière solide. Les excréments de cheval, traités par l'alcool, ne lui cèdent que 1|76 de parties solubles. Ce soixante-seizième du poids des excréments solides devrait être de la bile.

La bile renferme 90 pour cent d'eau. Dans 18 1|2 kilogr. de bile sécrétée par un cheval, il y aurait donc 1855 grammes de matière solide, tandis que de 3 3|4 de kilogr. d'excréments secs on ne peut extraire que 186 grammes d'une substance qu'on pourrait prendre pour de la bile. Mais ce que l'alcool dissout n'est pas de la bile ; l'extrait, privé de l'alcool, donne un résidu mou, presque oléagineux, qui a entièrement perdu sa solubilité dans l'eau, et qui ne laisse par la combustion aucune cendre alcaline, c'est-à-dire point de soude. (*Doc.* X.)

Pendant la digestion, la soude et tous les principes de la bile qui n'ont pas perdu leur solubilité retournent donc dans l'organisme ; on retrouve la soude

* Physiologie de Burdach, tome VII, p. 439.

d'abord dans le sang nouvellement formé, et finalement dans l'urine à l'état de carbonate, de phosphate et d'hippurate.

M. Berzélius n'a trouvé dans 1000 parties d'excréments d'homme, solides et récents, que 9 parties d'une substance semblable à de la bile ; 165 grammes d'excréments ne renfermeraient par conséquent que 1 gramme environ de bile solide, ce qui ferait, si l'on y ajoute l'eau nécessaire, à peu près 10 grammes de bile à l'état naturel. Mais un homme sécrète par jour 500 à 750 grammes de bile, c'est-à-dire 50 ou 75 fois plus qu'on ne pourrait constater dans les substances évacuées par les intestins.

Lors même que les expériences des physiologistes, relativement à la quantité de bile sécrétée par les diverses classes animales, ne seraient pas entièrement exactes, il est évident, d'après ce que nous venons de dire, que même le maximum ne renferme pas le charbon exhalé dans l'espace de 24 heures par un homme ou par un cheval. Car 100 parties de bile solide, tous les principes étant compris, ne renferment pas plus de 69 pour cent de carbone, ce qui fait, pour 18 1/2 kil. de bile sécrétés par un cheval, environ 1240 grammes de carbone ; tandis qu'un cheval en exhale, par jour, sensiblement le double, sous forme d'acide carbonique. Un rapport semblable se présente chez l'homme.

CHAPITRE XI.

ROLE DES ALIMENTS NON AZOTÉS.

48. En même temps que l'économie reçoit des substances destinées à remplacer celles qui se sont métamorphosées, la circulation du sang transporte de l'oxigène dans toutes les parties du corps. Quelle que soit la combinaison dans laquelle cet oxigène entre avec le sang, il faut nécessairement admettre que ceux des principes de ce liquide qui sont employés à réparer les pertes, n'éprouvent eux-mêmes aucune transformation essentielle, car la fibrine des muscles présente absolument les mêmes caractères que la fibrine du sang veineux; l'albumine du sang n'absorbe donc point d'oxigène. On ne saurait nier que l'oxigène serve à mettre à l'état de gaz certains principes du sang, mais ce ne sont certainement pas les principes essentiels du sang, destinés à la nutrition et à la reproduction ; nous le répétons, ces principes ne servent pas à la respiration, car aucune de leurs propriétés ne justifierait un pareil rôle.

Sans soumettre ici à un examen approfondi le rôle de la bile dans les fonctions vitales, nous pensons qu'il suffit de comparer les principes assimilables de la nourriture d'un carnivore avec les produits ultimes qui en résultent, pour être assuré que tout le carbone des aliments doit se retrouver soit dans l'urine, soit dans l'acide carbonique exhalé.

Or, ce carbone provient de la substance des tissus métamorphosés ; ce fait étant admis, on comprendra aisément pourquoi les jeunes carnivores et les herbivores en général doivent nécessairement trouver dans leurs aliments des matières fort carbonées et exemptes d'azote.

49. Il est évident que dans un carnivore adulte qui n'augmente ni ne diminue de poids, l'assimilation des aliments, la mutation des tissus et la consommation de l'oxigène doivent être entre elles dans un rapport défini. Le carbone de l'acide carbonique exhalé, le carbone de l'urine, l'azote de l'urine et l'hydrogène rejeté à l'état d'eau et d'ammoniaque, tous ces éléments pris ensemble doivent peser autant que le carbone, l'azote et l'hydrogène des tissus métamorphosés, et ces tissus ayant été exactement remplacés par les aliments, doivent à leur tour peser autant que le carbone, l'azote et l'hydrogène des substances alimentaires. Dans le cas contraire, le poids de l'animal ne pourrait pas demeurer constant.

Mais d'un autre côté on sait que le poids du jeune carnivore, dont les organes ne sont pas encore complétement développés, ne reste pas stationnaire comme le corps de l'animal adulte, et qu'il augmente au contraire de jour en jour. Cela permet donc de supposer que chez lui le travail de l'assimilation est plus intense que la métamorphose des tissus déjà formés; car si ces deux fonctions étaient d'une intensité égale, l'animal ne pourrait pas augmenter de poids; s'il perdait plus qu'il n'assimile, son poids devrait même diminuer.

Chez les jeunes animaux la circulation est plus rapide, leur respiration est plus brusque, et, à capacité égale de poitrine, la consommation de l'oxigène est donc plus forte que chez les adultes. Comme la mutation des tissus s'effectue aussi plus lentement, il leur manquerait conséquemment les substances dont l'hydrogène et le carbone doivent se combiner avec l'oxigène, car, comme nous l'avons déjà dit, ce sont les produits résultant de la mutation des tissus qui servent à garantir le corps des carnivores de l'action destructive de l'atmosphère et à produire de la chaleur; ces substances manqueraient donc aux jeunes animaux, si la nature prévoyante ne les leur donnait déjà dans leurs aliments.

En effet, le carbone et l'hydrogène du beurre, le carbone du sucre de lait, les éléments des substances non azotées qui ne peuvent pas se transformer en sang, qui ne peuvent pas se convertir en fibrine ou en albumine, ces éléments sont destinés à entretenir la respiration dans un âge où une forte résistance s'oppose à la métamorphose des tissus déjà formés, et, conséquemment, à la production des matières, qui, dans l'âge adulte, se développent en quantité suffisante pour l'entretien de l'acte respiratoire.

Mais le jeune animal trouve aussi dans le lait les principes nécessaires à la production du sang; c'est le caséum qui les lui fournit. La mutation des tissus déjà formés s'opère chez lui comme chez les adultes, car il sécrète de la bile et de l'urine; les éléments des tissus métamorphosés sont évacués sous forme d'urée, d'acide carbonique et d'eau; mais le beurre et le sucre du lait qu'il consomme disparaissent également, on ne peut les retrouver dans les féces. Le beurre et le sucre sont rejetés à l'état d'eau et d'acide carbonique, et leur transformation en combinaisons oxigénées prouve que l'animal absorbe bien plus d'oxigène qu'il n'en faudrait pour former de l'eau et de l'acide carbonique avec l'hydrogène et le carbone des tissus métamorphosés.

Disons donc, pour nous résumer, que les métamorphoses qui s'accomplissent dans le jeune animal fournissent, dans un temps donné, bien moins de carbone et d'hydrogène sous une forme convenable à la respiration qu'il n'en correspond à la quantité de l'oxigène absorbé; si cet hydrogène et ce carbone n'étaient offerts par une autre source, les organes finiraient eux-mêmes par succomber à l'action de l'oxigène. L'accroissement progressif de l'animal, le développement complet de ses organes exigent donc la présence de certaines matières dont le rôle nourricier ne consiste qu'à préserver de l'action de l'oxigène les organes qui doivent se former, en se combinant elles-mêmes avec cet oxigène. On conçoit maintenant le but que la nature s'est proposé en ajoutant des matières exemptes d'azote à la nourriture des jeunes mammifères. Ces matières qui ne servent pas à la sanguification, à la nutrition proprement dite, ne sont donc plus nécessaires à l'animal une fois développé.

Chez les oiseaux carnivores le manque de mouvement affaiblit évidemment les métamorphoses des tissus.

50. On voit, d'après ce qui précède, que la nutrition des carnivores se présente sous deux formes particulières. L'une de ces formes s'observe aussi dans les herbivores et les granivores. En effet, ces animaux prennent constamment dans leur nourriture des matières qui ont une composition égale, ou du moins semblable à celle du sucre de lait ; leurs aliments renferment toujours ou de l'*amidon*, ou de la *gomme*, ou du *sucre*.

L'amidon ou fécule est la plus répandue de ces matières ; il se trouve déposé dans les racines, dans les graines, dans les tiges, et même dans le corps ligneux, sous forme de granules arrondis ou ovales variant en grosseur, et dont la composition chimique est toujours la même (*Doc.* XI). On rencontre quelquefois dans une seule et même plante, par exemple dans les pois, des granules d'amidon de différente grosseur ; ainsi ceux qui se précipitent dans le suc exprimé des tiges ont un diamètre de $\frac{1}{200}$ à $\frac{1}{150}$ de millimètre, tandis que ceux des cotylédons sont trois ou quatre fois plus gros. Les grains de la massette et de la pomme de terre se distinguent par leur extrême grosseur; ceux du blé et du riz, au contraire, par leur faible dimension.

51. L'amidon se convertit en sucre dans un grand nombre de réactions; cette transformation s'effectue par exemple dans la germination des graines, et notamment aussi par l'action des acides. L'analyse démontre que cette métamorphose a lieu par une simple fixation des éléments de l'eau (*Doc.* XII). Ainsi, tout le charbon de l'amidon se retrouve dans le sucre; l'amidon ne perd aucun élément; outre les éléments de l'eau, aucun élément étranger ne s'y ajoute.

Dans beaucoup de fruits, surtout dans les fruits blets, qui sont aigres avant la maturité et d'une saveur douce dès qu'ils sont mûrs, comme par exemple dans les pommes et les poires, le sucre dérive de l'amidon qu'ils contenaient dans l'origine. Qu'on râpe, en effet, une pomme ou une poire non mûre, et qu'on lave la pulpe dans un tamis très fin avec de l'eau, on verra dans le liquide trouble se déposer de l'amidon fort ténu, tandis qu'en prenant des fruits mûrs on n'en obtiendra aucune trace. Un certain nombre de fruits acquièrent leur saveur sucrée déjà sur l'arbre, d'autres au contraire seulement quelque temps après avoir été cueillis. Cette maturation tardive n'est que le résultat d'une action purement chimique qui n'a aucun rapport avec la végétation; car le fruit, en quittant l'arbre, est propre à la reproduction; le noyau y est complétement mûr, mais la partie charnue qui l'enveloppe, commence alors à être attaquée par l'oxigène de l'atmosphère, elle absorbe, comme toutes les substances putrescentes, de l'oxigène, dégage une certaine quantité de gaz carbonique, et alors l'amidon se transforme en sucre de raisin, par suite d'une réaction analogue à celle qui s'accomplit dans l'empois aigri ou dans la farine avariée par l'effet de la décomposition du gluten. Les fruits deviennent d'autant plus sucrés qu'ils renferment plus d'amidon.

Il existe donc entre l'amidon et le sucre une corrélation bien déterminée ; un grand nombre d'actions chimiques, n'ayant d'autre effet que de modifier la direction des attractions élémentaires de l'amidon, transforment ce corps en sucre de raisin.

Le sucre de lait (*Doc.* XIII) se comporte, sous beaucoup de rapports, comme l'amidon ; en effet, à lui seul il n'est pas susceptible d'éprouver la fermentation spiritueuse, mais il acquiert la propriété de se décomposer en alcool et en acide carbonique, lorsqu'on le met, sous l'influence de l'eau et d'une température un peu élevée, en contact avec une substance en fermentation, par exemple, avec le caséum putréfié du lait. Dans ce cas, le sucre de lait se transforme d'abord en sucre de raisin, et, comme ce dernier, il éprouve alors la même modification lorsqu'on l'abandonne, à la température ordinaire, en contact avec un acide, et surtout avec l'acide sulfurique.

52. La gomme présente la même composition cen

tésimale que le sucre de canne (*Doc.* XIV); elle se distingue des sucres et de l'amidon en ce qu'elle est incapable de se décomposer, par l'effet de la putréfaction, en alcool et en acide carbonique. Lorsqu'on la mélange avec des substances fermentescentes, elle ne subit aucun changement sensible; ce qui permet de supposer que les éléments y sont maintenus en combinaison avec plus de force que dans les diverses espèces de sucre.

Toutefois la gomme a quelque liaison avec le sucre de lait, car comme lui elle donne de l'acide mucique par l'action de l'acide nitrique, tandis que les autres sucres ne donnent pas ce produit.

53. Pour faire ressortir davantage l'analogie de composition des diverses matières qui jouent un rôle si important dans la nutrition des herbivores, nous allons les exprimer par les formules suivantes, en représentant l'équivalent du carbone (75,8 ou 75) par C et l'équivalent de l'eau (112,4) par *aq*.

Amidon..........	12 C + 10 *aq*.
Sucre de canne.	12 C + 10 *aq*. + *aq*.
Gomme.....	12 C + 10 *aq*. + *aq*.
Sucre de lait....	12 C + 10 *aq*. + 2 *aq*.
Sucre de raisin.	12 C + 10 *aq*. + 4 *aq*.

Cela revient à dire qu'à quantité égale de charbon l'amidon renferme 10, le sucre et la gomme 11, le sucre de lait 12, et le sucre de raisin cristallisé 14 équivalents d'eau ou 11 fois les éléments de l'eau.

Les principes dont nous venons de parler ne manquent jamais dans la nourriture des herbivores. On peut dire que, par eux, une certaine quantité de charbon se trouve surajoutée aux principes azotés des aliments d'où se forme le sang, savoir à l'albumine, à la fibrine et à la caséine végétales; cet excès de charbon ne peut nécessairement pas servir à produire de la fibrine ou de l'albumine, par la raison que les aliments azotés renferment déjà tout le charbon nécessaire à la production des principes essentiels du sang, et que ce fluide se produit dans l'organisme des carnivores sans l'intervention des principes non azotés.

54. Le rôle rempli par ces derniers dans la nutrition des herbivores se conçoit facilement si l'on considère la faible quantité de carbone consommée par ces animaux dans leurs aliments azotés, et qui n'est dans aucun rapport avec l'énorme masse d'oxigène absorbée par l'économie. Prenons, pour fixer les idées, un exemple numérique. Un cheval se conserve dans un état de parfaite santé si on lui donne par jour 7 1|2 kilogrammes de foin et 2 1|4 kilogrammes d'avoine. Les expériences analytiques fixent l'azote du foin à 1,5, et celui de l'avoine à 2,2 pour cent (*Doc.* XV). Concevons tout l'azote des aliments transformé en sang, c'est-à-dire en fibrine et en albumine; cela fait, en admettant 80 p. 0|0 d'eau pour le sang, 4 kilogrammes de sang que le cheval produira par jour, et dans cette

quantité il n'y a que 140 grammes d'azote. Le poids du carbone ingéré en même temps que cet azote, s'élève à 448 grammes. De ces 448 grammes, 246 seulement pourraient servir à la respiration, car le cheval rend par l'urine 93 grammes de carbone renfermés dans l'urée et 109 autres grammes évacués à l'état d'acide hippurique. On comprend, sans autre calcul, que le volume de l'air inspiré et de l'air exhalé dans l'acte respiratoire doit être plus considérable chez le cheval que chez l'homme ; le cheval doit conséquemment consommer plus d'oxigène et rejeter plus de carbone que l'homme. En effet, un homme adulte consomme par jour environ 444 grammes de carbone, tandis que, suivant les expériences de M. Boussingault, un cheval en exhale, dans le même temps, sensiblement 2450 grammes. Ce nombre est certainement bien rapproché de la vérité.

Les principes azotés des aliments ne fournissent donc au cheval qu'un peu plus du cinquième du carbone nécessaire à l'entretien de la respiration. Mais la sagesse du créateur a ajouté à tous les aliments les autres quatre cinquièmes sous les formes les plus variées ; elle a suppléé à l'insuffisance du carbone renfermé dans les aliments azotés, en créant le sucre, la fécule, et beaucoup d'autres principes alimentaires exempts d'azote.

53. Chez les herbivores, dont les aliments renferment une proportion bien faible de principes sanguifiables, la métamorphose des tissus, c'est-à-dire leur

renouvellement, leur reproduction, est nécessairement moins rapide que chez les carnivores; car si cette fonction s'accomplissait dans la première classe avec autant d'énergie, il est certain que la végétation la plus riche ne pourrait suffire à leur nutrition; aussi, le sucre, la gomme, l'amidon ne seraient plus nécessaires à l'entretien de leurs fonctions vitales, parce qu'alors les produits carbonés de la mutation des organes serviraient eux-mêmes à la respiration.

L'homme carnivore exige pour son entretien un terrain immense, bien plus étendu, plus vaste que celui qu'il faut au lion ou au tigre, parce que l'homme tue, lorsque l'occasion s'en présente, sans en profiter, sans consommer sa victime.

Une nation de chasseurs, confinée dans un espace étroit, est incapable de se multiplier, car elle emprunte aux animaux le charbon nécessaire à la respiration et ceux-ci ne peuvent vivre qu'en petit nombre dans le même terrain. Ces animaux puisent dans les plantes les principes de leur sang et de leurs organes; les Indiens chasseurs ne consomment que ces principes sans prendre en même temps les substances non azotées qui avaient entretenu la respiration pendant la vie des animaux. Chez l'homme carnivore, c'est donc le carbone de la chair qui doit remplacer le carbone de l'amidon, du sucre, de la gomme.

7 1|2 kilogrammes de chair ne renferment pas plus de carbone que 2 kilogrammes d'amidon (*Doc.* XVI). Ainsi, tandis que le sauvage, en consommant un seul animal et un poids égal de fécule, pourrait

vivre en bonne santé pendant plusieurs jours, il lui faudrait, en ne prenant que de la nourriture animale, consommer cinq animaux, pour se procurer le carbone indispensable à la respiration.

Il est aisé de voir quelle liaison intime l'agriculture présente avec l'accroissement de la race humaine. En effet, l'agriculture n'a d'autre but que de produire, dans le plus petit espace possible, un maximum de substances assimilables. Les légumes et les céréales nous fournissent non seulement l'amidon, le sucre et la gomme, c'est-à-dire le charbon qui préserve l'organisme de l'action de l'atmosphère et produit ainsi la chaleur indispensable à la vie, mais en outre ces végétaux nous offrent la fibrine, l'albumine et la caséine, substances d'où dérivent le sang et conséquemment toutes les parties de notre corps.

L'homme carnivore respire, comme l'animal carnivore, aux dépens des matières produites par la mutation de ses organes. De la même manière que dans les cages de nos ménageries, le lion, le tigre, l'hyène se meuvent continuellement pour accélérer les métamorphoses de leurs tissus, les Indiens sauvages sont obligés, par la même raison, de se soumettre à toute espèce de fatigues ; ils usent donc leurs forces uniquement pour produire de la substance pouvant servir à la respiration.

La civilisation est l'art d'économiser la force. La science nous enseigne différents moyens de produire avec le moins de force les plus grands effets, elle nous apprend pareillement à utiliser les moyens pour en tirer un maximum de force. Ce qui caractérise l'état sauvage, le manque de civilisation, c'est donc l'emploi inutile ou disproportionné de la force, soit dans l'agriculture, l'industrie ou la science, soit même dans l'économie politique.

56. La composition de l'urine des herbivores et des carnivores démontre d'une manière évidente que les métamorphoses des tissus diffèrent dans ces deux classes, tant sous le rapport du temps que sous celui de la forme.

L'urine des carnivores est acide; on y trouve des bases alcalines unies à de l'acide urique, à de l'acide phosphorique et à de l'acide sulfurique. La source d'où proviennent ces deux derniers acides est fort bien connue. Tous les tissus en effet renferment du phosphore et du soufre, et ces éléments sont acidifiés par l'oxigène du sang artériel. Les phosphates et les sulfates ne se rencontrent qu'en proportion fort minime dans les différents liquides du corps, mais en abondance au contraire dans l'urine; ils tirent évidemment leur origine du phosphore et du soufre des tissus métamorphosés, ils arrivent dans le sang artériel à l'état de sels solubles et s'en séparent lorsque ce sang traverse les reins.

L'urine des herbivores est alcaline; elle renferme du carbonate alcalin en grande quantité et une si petite quantité de phosphate alcalin, que la plupart des expérimentateurs ne l'y ont pu observer.

L'absence des phosphates dans l'urine des herbivores prouve l'importance de ces sels pour certaines fonctions de cette classe animale. Car, en supposant, par exemple, qu'un cheval consomme une quantité d'albumine et de fibrine équivalente à l'azote (140 grammes) qu'il prend dans sa nourriture journalière, et en admettant que cette nourriture compense exactement les pertes éprouvées par les tissus métamorphosés, on remarque que la quantité d'acide phosphorique renfermée dans les 1500 grammes d'urine évacués par jour, suivant M. Boussingault, serait assez forte pour être sensible aux réactifs, puisqu'elle s'élèverait à près de 0,8 centièmes. Chez les herbivores, l'acide phosphorique, après avoir acquis la forme d'un phosphate alcalin et soluble, par l'effet de la mutation des tissus, retourne évidemment dans l'organisme et là, il sert à la formation de la substance du cerveau et des nerfs. Chez ceux qui ne consomment qu'une quantité de phosphore ou de phosphate comparativement faible, l'économie recueille évidemment tous les phosphates solubles produits par la mutation des tissus, et l'emploie pour le complet développement des os et des principes phosphorés du cerveau; les organes de sécrétion ne les séparent pas du sang. L'acide phosphorique mis en liberté dans la métamorphose des organes n'est donc point évacué à l'état de phosphate de soude, mais on le retrouve dans les excréments solides sous la forme de phosphates terreux et insolubles.

CHAPITRE XII.

FORMATION DE LA GRAISSE.

57. Lorsqu'on étudie comparativement, chez les herbivores et les carnivores, l'intensité de l'assimilation, c'est-à-dire la faculté d'augmenter de masse, les observations les plus simples y dénotent des différences extrêmement grandes. Une araignée suce avec avidité le sang de la première mouche qu'elle rencontre, mais elle ne fait aucune attention à la seconde ou à la troisième. Un chat mange une ou deux souris, mais même en en tuant une troisième il n'y touche plus. Les lions et les tigres ne dévorent leur proie que lorsque la faim les y pousse. Les carnivores exigent en général, pour leur conservation, la moindre quantité de nourriture, par la raison déjà que leur peau est dépourvue de pores de transpiration, et qu'à volume égal ils perdent moins de chaleur que les herbivores qui sont obligés de restituer par la nourriture la chaleur perdue. Chez cette dernière classe la vie végétative est bien plus énergique. Ainsi, on voit les brebis, les vaches paître des journées entières sur les prairies; c'est que leur organisme possède la faculté d'assimiler bien plus de nourriture qu'il n'en faut pour la réparation des pertes,

et tout le sang qui est produit en sus donne de nouveaux tissus, de sorte que ces animaux deviennent peu à peu charnus et gras, s'ils continuent de prendre beaucoup de nourriture. La chair des carnivores, au contraire, reste toujours coriace, tendineuse et n'est pas mangeable.

Les cerfs, les chevreuils, les lièvres, qui se nourrissent à peu près des mêmes substances que les bestiaux, augmentent également de masse lorsqu'ils prennent un excès d'albumine, de fibrine ou de caséine végétales. Lorsqu'ils sont libres, de manière à se mouvoir continuellement, ils absorbent assez d'oxigène pour faire disparaître le charbon de la gomme, du sucre, de l'amidon, et en général de tous les aliments non azotés et solubles qu'ils avaient consommés.

58. Des rapports tout différents se présentent chez les bestiaux qui reçoivent dans les étables une nourriture copieuse et y sont maintenus dans un repos presque absolu ; car alors ces animaux prennent plus d'aliments que n'en exigent les pertes éprouvées par l'économie, et en même temps ils consomment bien plus de substances non azotées qu'il n'en faudrait pour entretenir la respiration et compenser les déperditions de chaleur. Le défaut de mouvement produit sur eux le même effet qu'un décroissement dans l'absorption de l'oxigène, de sorte que, dans ces circonstances, le charbon des substances non azotées ne peut plus se brûler en totalité. Une petite proportion seulement de cet excès de charbon est évacuée par les che-

vaux et les bestiaux à l'état d'acide hippurique; le reste sert à produire une certaine matière qui n'entre qu'en petite quantité dans la composition des nerfs et du cerveau.

L'urine des bestiaux et des chevaux qui travaillent renferme de l'acide benzoïque (à 14 atomes de carbone); lorsque ces animaux se reposent dans les étables, on trouve l'acide benzoïque remplacé par l'acide hippurique (à 18 atomes de carbone).

La chair des animaux sauvages est dépourvue de graisse; les animaux domestiques, au contraire, engraissent lorsqu'on les prive de mouvement.

Un animal gras qui se meut librement ou qui traîne de lourds fardeaux perd peu à peu son embonpoint.

La formation de la graisse dans le corps des animaux est évidemment la conséquence d'une disproportion entre la quantité des aliments consommés et la quantité de l'oxigène absorbé par la peau et le poumon.

Un porc nourri copieusement d'aliments azotés deviendra charnu; en prenant beaucoup de pommes de terre, c'est-à-dire de fécule, il aura moins de fibre charnue, mais beaucoup de lard.

Une vache, nourrie dans l'étable, donnera un lait fort chargé de beurre; mise au vert, cette même vache fournira un lait plus riche en caséum, mais aussi plus pauvre en beurre et en sucre.

La bière et en général les aliments féculents augmentent la proportion de beurre dans le lait de la femme; une nourriture animale en donne moins, mais d'un autre côté elle y fait accroître la proportion du caséum.

Si l'on considère que la formation de la graisse est presque nulle chez tous les carnivores qui ne consomment, outre la graisse des herbivores, aucune autre substance non azotée; qu'elle n'augmente réellement que chez ceux qui prennent une nourriture mixte, chez les chats et les chiens par exemple; et enfin qu'on engraisse certains animaux domestiques en leur donnant simplement des substances alimentaires non azotées, on ne peut plus douter que celles-ci ne soient dans une corrélation directe avec la formation de la graisse.

59. De même que le raisonnement, d'accord avec l'expérience, nous avait conduit à établir un rapport nécessaire entre les aliments azotés des plantes et les principes azotés du sang et des tissus, de même aussi nous devons admettre une relation non moins intime entre les substances alimentaires non azotées des plantes et les parties non azotées de l'organisme animal.

Comparons, en effet, la composition du sucre de lait, de la fécule et des autres sucres avec celle de la graisse de mouton, de bœuf, d'homme; nous remarquerons que tous ces principes renferment les mêmes proportions de carbone et d'hydrogène, et qu'ils ne diffèrent entre eux que par la proportion d'oxigène.

Suivant les analyses de M. Chevreul, la graisse de mouton, d'homme et de porc renferme 79 centièmes de charbon pour 11,1 — 11,4 — 11,7 centièmes d'hydrogène (*Doc.* XVI).

Or, la fécule contient 44,91 de carbone pour 6,11 d'hydrogène; le sucre et la gomme renferment 42,58 de carbone pour 6,37 d'hydrogène (*Doc.* XVII).

Ces derniers nombres qui expriment la proportion relative de carbone et d'hydrogène contenue dans la fécule, le sucre et la gomme, sont entre eux dans le même rapport que ceux qui expriment la proportion relative de ces éléments dans les matières grasses; en effet :

44,91 : 6,11 :: 79 : 10,99
et 42,58 : 6,37 :: 79 : 11, 8

Il est évident, d'après cela, que la fécule, le sucre et la gomme peuvent, par une élimination d'oxigène pure et simple, se transformer en graisse, ou, si l'on veut, en un corps qui possède la composition de la graisse; car, en déduisant 9 atomes d'oxigène de la formule de la fécule, nous avons en centièmes :

C_{12}	79,4
H_{20}	10,8
O.............	9,8

La formule empirique de la graisse, et qui se rapproche le plus de la précédente, est $C_{11} H_{20} O$; elle donne en centièmes :

C_{11}	78,9
H_{20}	11,6
O.............	9,5

D'après cette formule, l'amidon céderait les éléments de 4 atome d'acide carbonique et de 7 atomes d'oxigène. Or, la composition de tous les corps gras saponifiables s'accorde avec ces deux formules.

Si l'on retranche de 5 atomes de sucre de lait $C_{36}\,H_{72}\,O_{36}$ les éléments de 8 atomes d'eau et 27 atomes d'oxigène, il reste $C_{36}\,H_{64}\,O$, formule qui exprime exactement la composition de la cholestérine (*Doc.* XVIII).

Quelle que soit l'idée qu'on se forme de la production des matières grasses dans l'organisme, il est certain que l'herbe ni les racines mangées par les vaches ne renferment de beurre; que le fourrage donné aux bestiaux ne renferme pas de graisse de bœuf, que les épluchures de pommes de terre dont on nourrit les porcs, et les graines mangées par la volaille de nos basses-cours ne renferment pas de graisse d'oie ou de chapon. Les grandes quantités de graisse qui recouvrent souvent ces animaux naissent au sein de leur propre organisme, et il faut nécessairement en conclure que les aliments consommés par eux cèdent une certaine quantité d'oxigène, car autrement aucun principe de ces aliments ne pourrait devenir corps gras. (Voir *Doc.* XIX. *Formation de la cire par les abeilles*.)

60. L'analyse chimique démontre de la manière la plus positive que les aliments consommés par les animaux renferment des proportions de carbone et d'oxigène qui peuvent s'exprimer par les nombres suivants :

	ÉQUIVALENTS	
	de carbone.	d'oxigène.
Fibrine, albumine, caséine végétales.	120	36
Amidon.	120	100
Sucre de canne.	120	110
Sucre de raisin.	120	140
Gomme.	120	140
Sucre de lait.	120	120

Or, toutes les substances grasses ne renferment, pour 120 *équivalents de carbone, que* 10 *équivalents d'oxigène.*

Mais, puisque le carbone des principes gras formés dans l'organisme dérive des aliments, attendu qu'il n'existe aucune autre source pour les lui fournir, il est clair, si ces principes proviennent de l'albumine, de la fibrine et de la caséine, que pour chaque quantité de 120 équivalents de carbone déposée à l'état de graisse, les substances alimentaires devront céder 26 équivalents d'oxigène; si les principes gras se forment de l'amidon, celui-ci cédera 90 équivalents d'oxigène; pour le sucre de canne, il y aura une élimination de 100, et pour le sucre de lait une de 110 équivalents d'oxigène.

Il n'y a donc qu'un seul mode de décomposition par lequel la graisse puisse se former dans l'organisme; c'est absolument le même que celui qui détermine la formation des corps gras dans les plantes; nous le répétons, elle se produit par suite d'une élimination d'une partie de l'oxigène des aliments.

Le carbone déposé dans les graines et dans les fruits de certaines plantes à l'état d'huile ou de graisse solide a été primitivement un principe de l'atmosphère; il est absorbé par ces plantes sous forme d'acide carbonique. Sa transformation en matière grasse s'effectue par l'activité végétale, sous l'influence de la lumière, et dans cette métamorphose, la plus grande partie de l'oxigène de cet acide carbonique retourne à l'air à l'état de gaz. Par opposition à l'activité végétale, l'économie animale absorbe sans cesse l'oxigène de l'air et rend à celui-ci l'oxigène sous forme d'acide carbonique et de vapeur d'eau; nous avons déjà dit que cette formation d'acide carbonique et d'eau est la seule et unique source de la chaleur animale.

Ainsi, peu importe que la graisse résulte de la décomposition de l'albumine et de la fibrine, c'est-à-dire des principes du sang, ou de celle de l'amidon, du sucre ou de la gomme, cette décomposition est nécessairement toujours accompagnée d'une élimination d'oxigène. Mais ce gaz n'est pas évacué comme tel par l'économie, par la raison qu'il rencontre dans son passage des substances capables de se combiner avec lui; il est donc rejeté sous la même forme que l'oxigène introduit dans l'organisme par la peau et le poumon.

On voit, d'après cela, quelle relation remarquable existe entre la formation de la graisse et l'acte respiratoire.

61. Nous avons déjà dit précédemment que la formation anormale de la graisse dans l'organisme ani-

mal est la conséquence d'une disproportion entre le carbone consommé et l'oxigène absorbé par la peau et le poumon. Dans l'état normal des fonctions, il entre dans l'économie autant de charbon qu'il en sort; le corps ne reçoit pas en excès les substances carbonées exemptes d'azote.

Mais si l'ingestion des substances alimentaires riches en carbone vient à augmenter, l'équilibre ne se maintient dans l'économie que si l'on favorise en même temps, par le mouvement, la métamorphose de ce surplus, c'est-à-dire si l'on fait accroître dans le même rapport l'absorption de l'oxigène.

La formation de la graisse est donc toujours la suite de l'absence de l'oxigène nécessaire à la gazéification de l'excès de carbone introduit dans l'économie. Aussi remarque-t-on une extrême obésité chez les femmes des Orientaux, chez nos animaux domestiques lorsqu'ils sont privés de mouvement, et même quelquefois chez les prisonniers, malgré leur chétive nourriture; mais elle ne se présente pas chez les individus soumis à de fortes fatigues, chez les Bédouins par exemple, dont les membres sont, au contraire, charnus et dépourvus de graisse.

Nous le répétons, la production de la graisse provient d'un manque d'oxigène, mais d'un autre côté il faut dire aussi qu'elle offre à l'économie une nouvelle source d'oxigène, une nouvelle source de chaleur. En effet, l'oxigène devenu libre dans la formation de la graisse sort du corps à l'état d'une combinaison carbonée ou hydrogénée; que ce carbone ou cet hydrogène provienne de la substance même qui amène cet oxigène, ou qu'il soit fourni par une autre combinaison, toujours est-il que l'acide carbonique et l'eau, produits dans la réaction, doivent dégager autant de chaleur que si les mêmes quantités de carbone ou d'hydrogène brûlaient dans l'air ou dans le gaz oxigène.

Si, par exemple, 18 équivalents d'oxigène se séparent de 2 équivalents d'amidon, et que ces 18 équivalents d'oxigène se combinent avec 9 équivalents de carbone de la bile pour former de l'acide carbonique, il est positif que ces 9 atomes de carbone dégageront autant de chaleur que s'ils brûlaient directement. Considéré sous ce point de vue, le dégagement de chaleur, comme conséquence de la formation de la graisse, ne peut être révoqué en doute; il ne devient incertain que dans le cas où le carbone et l'oxigène se séparent à la fois d'une substance à l'état d'acide carbonique. Lorsque, par exemple, 2 atomes d'amidon $C_{24}\ H_{40}\ O_{20}$ cèdent les éléments de 9 atomes d'acide carbonique, il reste une combinaison renfermant, pour 15 atomes de carbone, 40 atomes de carbone et 2 atomes d'oxigène, car :

$$C_{15}\ H_{40}\ O_{2} + C_{9}\ O_{18} = C_{24}\ H_{40}\ O_{20}.$$

Dans le cas où l'amidon céderait l'oxigène sous forme d'acide carbonique et d'eau, il resterait, en supposant qu'il s'en élimine 6 atomes d'eau et 6 atomes d'acide carbonique, la combinaison $C_{18}H_{28}O_2$. Ce dernier mode d'élimination étant admis pour l'oxigène, il reste à décider si l'acide carbonique et l'eau qui se séparent de l'amidon, s'y trouvent déjà renfermés comme tels. S'il en est ainsi, l'élimination peut s'effectuer sans être accompagnée de chaleur ; si, au contraire, le carbone et l'hydrogène sont contenus sous une autre forme dans l'amidon ou en général dans le principe d'où se produit la graisse, il est évident qu'alors il s'opère un changement dans leur groupement moléculaire, par suite duquel un certain nombre d'atomes de carbone et d'hydrogène s'unissent à des quantités correspondantes d'oxigène pour former de l'acide carbonique et de l'eau.

62. Toutes les expériences que la science possède tendent à prouver que ni l'amidon ni les sucres ne renferment de l'acide carbonique tout formé.

D'un autre côté, on connaît un grand nombre de métamorphoses où les éléments de l'acide carbonique et de l'eau se séparent d'une combinaison sans que ces principes y préexistent, et où il se dégage de la chaleur, absolument comme si le carbone et l'hydrogène se combinaient directement avec l'oxigène. Rappelons-nous, en effet, les phénomènes de fermentation et de putréfaction, qui sont toujours accompagnés d'une élévation de température.

Lorsqu'un liquide sucré fermente, les éléments du sucre éprouvent une mutation moléculaire, par suite de laquelle une certaine quantité de carbone et d'oxigène se sépare du sucre à l'état d'acide carbonique; une substance plus pauvre en oxigène, l'alcool, est le résultat de cette métamorphose.

En ajoutant à 2 atomes de sucre les éléments de 12 atomes d'eau, et en retranchant de la somme 24 atomes d'oxigène, on obtient 6 atomes d'alcool; en effet:

$$(C_{24}\,H_{48}\,O_{24} + H_{24}\,O_{12}) - O_{24} = C_{24}\,H_{72}\,O_{12} = 6\,(C_4\,H_{12}\,O_2)$$

Ces 24 atomes d'oxigène suffisent pour brûler complétement un troisième atome de sucre, c'est-à-dire pour transformer son carbone en acide carbonique, et cette combustion donne de nouveau les 12 atomes d'eau qu'on y a ajoutés, absolument comme s'ils n'avaient joué aucun rôle, car:

$$C_{12}\,H_{24}\,O_{12} + O_{24} = 12\,CO_2 + 12\,H_2\,O.$$

D'après l'opinion généralement admise, 12 atomes de carbone se séparent de 3 atomes de sucre sous forme d'acide carbonique; on obtient ainsi 6 atomes d'alcool, c'est-à-dire les mêmes produits que si une partie du sucre avait cédé de l'oxigène à une autre partie et que les composants de celle-ci se fussent brûlés aux dépens de cet oxigène:

$$C_{36}\,H_{72}\,O_{36} = C_{24}\,H_{72}\,O_{12} + 12\,CO_2\ ^{*}.$$

* Voyez, pour l'intelligence de ces formules, l'introduction placée à la fin de l'ouvrage, en tête des *Documents*.

D'après cela, la scission d'un corps en acide carbonique et en une combinaison pauvre en oxigène donne les mêmes résultats que l'élimination de l'oxigène d'une substance et la combustion d'une partie de cette substance aux dépens de l'oxigène éliminé.

65. On sait que la température s'élève dans tout liquide en fermentation; supposons maintenant qu'une pièce de moût de vin renferme 24 hectolitres de liquide ou environ 2400 kilogrammes, et qu'il y ait dans ce moût 16 pour cent de sucre, c'est-à-dire en tout 384 kilogrammes, il faudra nécessairement que dans la fermentation de ce sucre il se dégage la même quantité de chaleur que dans la combustion de 51 kilogrammes de carbone.

Or, cette quantité peut s'exprimer par la chaleur nécessaire pour élever chaque kilogramme de liquide à 165 1|2 degrés, en admettant que la décomposition s'accomplît dans un espace de temps incommensurable; mais on sait que cela n'a pas lieu, car la fermentation dure 5 ou 6 jours, et ces 165 1|2 degrés se répartissent sur chaque kilogramme de liquide dans un intervalle de 120 heures. Il se dégage donc par heure une quantité de chaleur par laquelle chaque kilogramme de liquide s'échauffe de $\frac{165,5}{120}$ ou environ de $\frac{14}{10}$ de degré; cette élévation de température est considérablement diminuée par la basse température de la cave, ainsi que par l'évaporation de l'eau et de l'alcool.

La formation de la graisse, comparée à des décompositions analogues où s'effectue une élimination d'oxigène, doit donc être accompagnée d'un dégagement de chaleur; elle fournit à l'économie une certaine portion de l'oxigène nécessaire aux fonctions vitales, et cela toutes les fois que l'oxigène absorbé par la peau et le poumon est insuffisant pour transformer en acide carbonique le carbone destiné à cette combustion.

Lorsque le carbone s'accumule ainsi dans le corps et n'est point utilisé pour la formation de quelque organe, cet excès se dépose dans les cellules à l'état de graisse ou d'huile.

Il se forme donc de la graisse chez un animal toutes les fois qu'il y a disproportion entre le carbone introduit dans l'économie et l'oxigène absorbé; l'oxigène se sépare alors par suite de la métamorphose de certaines subtances, et cet oxigène est rejeté du corps à l'état d'acide carbonique et d'eau. La chaleur qui accompagne cette fonction, contribue à maintenir la température du corps dans un état constant. Chaque kilogramme de carbone qui reçoit l'oxigène nécessaire à sa combustion de la part de substances passées à l'état de graisse, dégage une quantité de chaleur égale à celle qu'il faut pour élever 200 kilogrammes à 39 degrés.

Lorsque l'économie crée de la graisse, elle se procure elle-même le moyen de suppléer au manque d'oxigène et de chaleur nécessaires aux fonctions vitales.

L'expérience prouve que si l'on empêche la votaille de se mouvoir en lui attachant les pieds et qu'on la place dans une température moyenne, elle engraisse excessivement. On peut alors comparer l'état de ces animaux à celui d'une plante possédant à un haut degré la propriété de s'assimiler toutes les substances nutritives. Les principes sanguins leur étant offerts en excès se transforment en chair, en tissus ; la fécule et les autres substances non azotées se convertissent en graisse.

Lorsque les animaux engraissent aux dépens d'aliments azotés, certaines parties seulement de leur corps augmentent de volume. Ainsi, par exemple, le foie d'une oie engraissée est 4 ou 5 fois plus grand que le même viscère dans une oie non engraissée. Cela ne dit pas précisément que la substance du foie soit plus considérable : le foie de la bête non engraissée est ferme et élastique, tandis que chez l'autre il est mou et spongieux ; il n'y a de la différence que dans l'élargissement plus ou moins considérable des cellules, qui sont remplies de matière grasse chez l'oie engraissée.

Il est certaines maladies où les substances féculentes ne subissent pas les transformations qui les rendent propres à entretenir la respiration ou à se convertir en graisse. Ainsi, par exemple, dans le diabète mellitique l'amidon ne se transforme qu'en sucre, qui est évacué par l'économie sans avoir été décomposé.

Dans certaines autres maladies, comme dans les inflammations du foie, le sang se charge d'huile et de matières grassès. Dans quelques circonstances, les principes de la bile peuvent aussi se transformer en graisse, du moins la composition de la bile autorise cette supposition. Tous ces faits viennent à l'appui de notre opinion.

CHAPITRE XIII.

CONCLUSION.

64. Il résulte de ce qui précède que les substances alimentaires peuvent se diviser en deux classes : en *aliments azotés* et en *aliments non azotés ;* la première classe possède seule la propriété de se convertir en sang.

Les substances alimentaires propres à la sanguification donnent naissance aux principes des organes ; les autres servent, dans l'état de santé, à l'entretien de l'acte respiratoire. Nous désignerons les substances azotées sous le nom d'*aliments plastiques*, et les substances non azotées sous celui d'*aliments respiratoires*.

Les aliments plastiques sont :

la fibrine végétale,
l'albumine végétale,
la caséine végétale,
la chair et le sang des animaux.

Les aliments plastiques renferment de l'azote, mais ils se distinguent de toutes les autres matières azotées par une certaine quantité de soufre qui peut en être éliminé sous forme d'acide hydrosulfurique. L'albumine et la fibrine du sang renferment la même quantité de soufre.

Les aliments respiratoires comprennent :

la graisse,
l'amidon,
la gomme,
les sucres,
la pectine,
la bassorine,
la bière,
le vin,
l'eau-de-vie, etc.

65. Un fait général, démontré par l'expérience, c'est que tous les principes nutritifs et azotés des plantes ont la même composition que les principes essentiels du sang.

Aucun corps azoté dont la composition diffère de celle de la fibrine, de l'albumine et de la caséine, n'est propre à entretenir la vie des animaux.

Sans doute, l'économie animale possède la faculté de préparer, avec les principes du sang, la substance des membranes et des cellules, des nerfs et du cerveau, les principes organiques des tendons, des cartilages et des os, mais il faut que la substance elle-même du sang, sinon sa forme, soit offerte à l'animal; dans le cas contraire, la sanguification et conséquemment la vie s'arrêtent.

Cette vérité explique fort bien pourquoi les tissus gélatineux, la gélatine des os et des membranes, sont impropres à la nutrition, à l'entretien des fonctions vitales, car leur composition diffère de celle de la fibrine et de l'albumine du sang : elles ne renferment point de soufre. Cela prouve donc aussi que les organes qui préparent le sang ne possèdent pas la faculté de déterminer dans la gélatine une métamorphose moléculaire, de manière à la transformer en albumine ou en fibrine.

Les tissus gélatineux, la gélatine des os, les membranes, les cellules éprouvent dans l'économie une altération continue par suite de l'action de l'oxigène et de l'humidité ; les parties qui se décomposent ainsi doivent donc être renouvelées par le sang, mais cette transformation et cette restitution sont évidemment circonscrites par des limites fort étroites. Tandis que la graisse disparaît chez le malade ou chez celui qui succombe à l'inanition, et que la substance des muscles reprend alors la forme du sang, les tendons et les membranes persistent dans leur état, et tous les membres du cadavre conservent la cohérence qu'ils doivent à ces tissus.

D'un autre côté, on sait que la partie calcaire seule est rejetée des os avalés par les chiens, tandis que la gélatine s'assimile. On remarque la même chose chez les individus qui prennent des bouillons contenant comparativement plus de gélatine que d'autres substances ; cette gélatine n'est évacuée ni par les urines ni par les féces ; il est donc évident qu'elle éprouve dans l'organisme une transformation particulière et qu'elle y remplit un certain rôle. Elle est rejetée par l'économie sous une forme autre que celle sous laquelle elle y est introduite.

Puisque nous admettons sans difficulté que l'albumine du sang se transforme en fibrine, c'est-à-dire qu'une substance soluble et dissoute se convertit en un autre principe organisé comme elle, mais insoluble, et cela en raison même de l'identité de composition de l'albumine et de la fibrine, il est tout aussi rationnel, ce me semble, d'admettre que la gélatine, ingérée dans l'organisme à l'état de dissolution, redevient membrane, cellule ou principe organique des os, qu'elle sert, en un mot, à renouveler les tissus gélatineux ayant éprouvé quelque perte : comme la reproduction des tissus se modifie dans toute l'économie suivant l'état sanitaire de l'individu, il est évident que la force qui détermine la transformation du sang en membranes et en cellules, doit diminuer dans l'état de maladie, lors même que la sanguification n'est alors point troublée ; l'intensité de la force vitale, sa faculté de provoquer des métamorphoses, diminue nécessairement chez le malade autant dans son estomac que dans les autres parties de son corps.

La médecine pratique nous apprend en effet que l'ingestion des tissus gélatineux rendus solubles, exerce une influence bien marquée sur le bien-être du corps ; lorsqu'ils lui sont offerts dans un état propre à l'assimilation, ils servent à économiser de la force, et leur action salutaire peut se comparer à celle qu'une nourriture convenablement apprêtée exerce sur l'estomac.

La fragilité des os qu'on observe chez les herbivores résulte évidemment d'une certaine débilité des organes destinés à métamorphoser les principes du sang en substance cellulaire.

A en croire certains médecins qui ont habité l'Orient, les femmes turques, par l'usage du riz et par de fréquents lavements de bouillon, se procurent toutes les conditions nécessaires à la production de la substance cellulaire et de la graisse.

DEUXIÈME PARTIE.

DES MÉTAMORPHOSES DANS LES TISSUS ORGANIQUES.

CHAPITRE I.

PROTÉINE, PRINCIPE DES TISSUS AZOTÉS.

66. Il y a quelques années, l'identité de composition des principes essentiels du sang et des substances alimentaires azotées eût pu servir d'argument pour nier l'infaillibilité de l'analyse chimique, car à cette époque on ne s'était pas encore assuré, par des expériences directes, de l'existence de corps, azotés et exempts d'azote, qui, quoique ayant absolument la même composition centésimale et quelquefois aussi le même équivalent chimique, peuvent offrir de grandes différences sous le rapport de leurs propriétés physiques.

C'est ainsi que l'*acide cyanurique* cristallise en fort beaux octaèdres transparents, qui se dissolvent avec facilité dans l'eau et les acides ; la *cyamélide* est une autre substance entièrement insoluble dans l'eau et les acides, blanche, tantôt cohérente et opaque comme de la porcelaine, tantôt légère comme de la magnésie ; enfin une troisième substance, l'*acide cya-*

nique hydraté, est vésicante, plus volatile que l'acide acétique, et ne peut être mise en contact avec l'eau sans se décomposer. Or, ces trois substances renferment non seulement les mêmes proportions d'éléments, mais elles peuvent même se transformer l'une dans l'autre, et cela dans des vases hermétiquement fermés, sans qu'aucun principe étranger y participe. (*Doc.* XXI.)

Parmi les corps non azotés, l'*aldéhyde* se comporte d'une manière semblable; c'est un liquide inflammable qui se mêle à l'eau en toutes proportions, bout déjà par la chaleur de la main, et attire vivement l'oxigène de l'air pour se transformer en acide acétique. Cet aldéhyde ne se conserve pas même dans des vases scellés à la lampe, il s'altère quelquefois déjà au bout de quelques jours, change de nature et perd sa faculté d'attirer l'oxigène; il dépose alors de longues aiguilles dures et incolores qui ne se volatilisent pas à la température de l'eau bouillante, et le liquide qui baigne ces cristaux n'est plus de l'aldéhyde; ce liquide bout à 60°, ne se mêle plus à l'eau et cristallise en aiguilles semblables à de la glace lorsqu'on le refroidit légèrement. Malgré tout cela, ces deux produits ont identiquement la composition de l'aldéhyde d'où ils résultent. (*Doc.* XXI.)

67. L'albumine, la fibrine et la caséine présentent une trilogie semblable; ces trois principes renferment les mêmes proportions d'éléments organiques et ne diffèrent que par leurs caractères physiques.

Lorsqu'on met l'albumine, la fibrine ou la caséine animale dans une lessive de potasse moyennement concentrée, et qu'on soumet le mélange pendant quelque temps à une température élevée, elles éprouvent une décomposition. L'acide acétique sépare alors de la solution un précipité diaphane et gélatineux qui présente toujours la même composition et les mêmes propriétés, quelle que soit celle d'entre ces trois substances animales qui ait été employée pour le préparer.

M. Mulder, à qui nous devons la découverte de ce produit, a constaté par un grand nombre d'analyses faites avec soin, qu'il renferme les mêmes proportions d'éléments organiques que les substances d'où il dérive ; de telle sorte qu'en défalquant de l'albumine, de la fibrine et de la caséine le soufre et le phosphore ainsi que les principes minéraux qu'elles renferment, et en calculant ensuite la composition centésimale des éléments restants, on obtient les mêmes rapports numériques que ceux qui résultent de l'analyse du produit de la décomposition de ces trois substances par la potasse. (*Doc.* XXII.)

On peut donc, d'après cela, considérer les deux principes du sang et le principe azoté du lait des animaux comme des combinaisons de phosphates et d'autres sels, ou de phosphore et de soufre avec un corps composé d'azote, de carbone, d'hydrogène et d'oxigène, et où ces éléments se trouvent toujours dans les mêmes proportions. Ce corps peut être envisagé comme le point de départ de tous les autres produits de l'économie animale, par la raison que tous ces produits dérivent du sang.

Partant de ce point de vue, M. Mulder a donné au corps dont nous parlons le nom de *protéine*, du grec πρωτεύω, j'occupe le premier rang. Le sang ou plutôt les principes du sang seraient par conséquent des combinaisons de cette protéine avec des quantités variables d'autres substances inorganiques.

Le même chimiste a aussi observé que le principe insoluble dans l'eau de la farine de blé, la fibrine végétale, donne également de la protéine sous l'influence de la potasse; enfin d'autres recherches ont démontré que l'albumine et la caséine végétales se comportent avec la potasse exactement comme l'albumine et la caséine provenant du règne animal.

Dans l'état actuel de nos connaissances, il faut donc admettre comme une loi démontrée par l'expérience que les plantes élaborent des combinaisons protéiques, et que ce sont ces combinaisons que la force vitale façonne, sous l'influence de l'oxigène atmosphérique et des principes de l'eau, pour créer tous ces nombreux tissus, tous les organes de l'économie animale *.

* L'expérience de MM. Tiedemann et L. Gmelin, d'après laquelle les oies nourries exclusivement de blanc d'œuf bouilli finissent par succomber, s'explique aisément si l'on considère que les granivores, surtout privés de mouvement, ne trouvent pas assez de carbone dans la substance des tissus métamorphosés pour l'entretien de la respiration. Un kilogramme de blanc d'œuf ne renferme que 108 grammes environ de carbone dont le quart est rejeté à l'état d'acide urique, dernier produit azoté de la mutation des tissus.

Bien qu'il ne puisse se prouver que la protéine préexiste réellement dans les substances azotées dont nous parlons, d'autant plus que la diversité de leurs caractères paraît indiquer en elles une différence de groupement moléculaire, cette hypothèse présente néanmoins beaucoup d'avantage dans l'étude de ces substances, car sous l'influence de la potasse elles se groupent toutes dans la même direction moléculaire pour donner naissance à la protéine.

68. Nous admettrons conséquemment que tous les principes azotés de l'économie animale, quelque différence qu'ils offrent dans leur composition, dérivent de la protéine, par l'effet d'une fixation ou d'une élimination de l'oxigène ou des éléments de l'eau, ou bien aussi par l'effet d'un dédoublement moléculaire.

Cette proposition acquiert beaucoup de vraisemblance si l'on se rappelle le développement du poulet dans l'œuf. L'expérience en effet démontre que l'œuf ne renferme, outre l'albumine, aucun autre principe azoté; l'albumine du jaune y est identique à l'albumine du blanc (*Doc.* XXIII). Le jaune d'œuf renferme une matière grasse jaune, ainsi que de la cholestérine et du fer. Dans l'incubation de l'œuf, le seul principe étranger qui prenne part au développement du jeune animal, c'est l'oxigène atmosphérique; ainsi donc l'albumine, concurremment avec cet oxigène, produit les plumes et les griffes, les globules sanguins et la fibrine, les membranes et les cellules, les artères et les veines. Il est vrai que la matière grasse de l'œuf peut participer à la formation du cerveau et des nerfs, mais, pour ce qui est des autres tissus azotés, il est certain que le carbone de la matière grasse ne peut intervenir dans leur formation, puisque l'albumine du jaune et du blanc d'œuf renferme déjà tout le carbone qui correspond à la proportion de l'azote nécessaire à la production de ces tissus.

CHAPITRE II.

DIGESTION.

69. Il résulte de ce qui précède qu'à proprement parler l'albumine forme le point de départ de tous les tissus animaux.

Toutes les substances alimentaires azotées d'origine animale ou végétale se transforment en albumine avant de prendre part à la nutrition.

Toutes les substances alimentaires consommées par l'animal deviennent solubles dans son estomac et peuvent, dans cet état, être transportées dans le sang. Outre l'oxigène de l'air, il y a un liquide particulier qui agit dans cette dissolution, c'est le *suc gastrique* sécrété par les parois de l'estomac.

Les expériences des physiologistes démontrent d'une matière positive que la digestion est indépendante de l'activité vitale; qu'elle s'accomplit par suite d'une action purement chimique et tout à fait analogue à ces décompositions connues sous le nom de fermentation et de pourriture.

Considérées dans leur forme la plus simple, la fermentation et la putréfaction consistent dans des changements de structure moléculaire subis par une combinaison chimique, sous l'influence de substances en décomposition, et par lesquels cette combinaison se dédouble en deux ou en plusieurs nouveaux produits; ces transformations résultent du choc imprimé par le mouvement des molécules en décomposition aux autres molécules qui ne sont maintenues en combinaison que par une force peu énergique.

Le suc gastrique renferme en dissolution une matière qui se trouve dans un pareil état de décomposition et au contact de laquelle les principes alimentaires, insolubles dans l'eau à eux seuls, reçoivent la faculté de se dissoudre, en se groupant moléculairement dans une autre direction. Ce suc, sécrété pendant la digestion, contient toujours un acide minéral libre, dont la présence empêche toute altération ultérieure dans les principes devenus solubles.

Les physiologistes ont démontré, par une série de fort belles expériences, que la digestion est indépendante de l'activité vitale. Des substances alimentaires furent placées dans des tubes percés de trous, de manière qu'elles ne pouvaient point toucher les parois de l'estomac; mais ces substances y disparurent aussi bien et aussi promptement que si elles n'avaient point été emprisonnées; bien plus, on introduisit du blanc d'œuf bouilli et de la chair musculaire dans du suc gastrique récemment extrait de l'estomac, et on les maintint pendant quelque temps à une température égale à celle du corps; ces substances aussi perdirent leur cohésion et se dissolvirent parfaitement dans le suc.

70. La substance en décomposition renfermée dans le suc gastrique est, selon toute apparence, un produit de la métamorphose de certaines parties de l'estomac. En effet, les produits résultant de la décomposition graduelle des tissus gélatineux ou des tissus qui donnent de la chondrine, possèdent, plus que toute autre substance, la faculté de provoquer des métamorphoses dans les substances organiques (Frémy). Ainsi lorsqu'on lessive convenablement avec de l'eau les membranes de l'estomac d'un animal (par exemple, la caillette d'un veau), cet estomac ne produit aucun effet ni sur le sucre, ni sur le lait, ni sur d'autres substances mises en contact avec lui; mais ce même estomac abandonné pendant quelque temps à l'air, puis desséché et mis en contact avec ces substances et avec de l'eau, transforme, suivant l'état plus ou moins avancé de sa décomposition, le sucre en acide lactique, ou en mucilage et en mannite, ou bien en alcool et en acide carbonique; de même, après avoir été ainsi altéré, il détermine instantanément la coagulation du lait.

Une vessie animale bien desséchée se conserve sans altération; mais lorsqu'elle se trouve au contact de l'air et de l'humidité elle se modifie pareillement, sans indices apparents; mise alors dans une dissolution de sucre de lait, elle convertit celui-ci peu à peu en acide lactique.

Lorsqu'on met une caillette de veau fraîche dans de l'acide hydrochlorique faible, le liquide n'acquiert pas pour cela la propriété de dissoudre la viande ou l'albumine bouillie; mais si l'estomac a été préalablement desséché ou immergé dans l'eau pendant quelque temps, l'eau acide en extrait une petite quantité d'une matière dont la décomposition s'achève dans la dissolution même; cette décomposition étant communiquée au blanc d'œuf coagulé, celui-ci commence d'abord à s'éclaircir sur les bords, puis devient visqueux et finit par se dissoudre entièrement; les principes gras de l'œuf restent seuls en suspension et communiquent à la solution un aspect trouble. Or, le sang artériel charrie de l'oxigène dans toutes les parties du corps, partout il y a aussi de l'humidité, toutes les conditions nécessaires à ces sortes de métamorphoses s'y trouvent donc réunies.

De la même manière que dans la germination des graines, une substance en décomposition, à laquelle on a donné le nom de *diastase*, détermine la dissolution de la fécule et sa transformation en sucre, de même aussi le produit de la métamorphose de certaines parties des organes digestifs provoque la liquéfaction de tous les principes alimentaires solubles, pendant que lui-même achève sa métamorphose dans le suc gastrique.

71. Dans certaines affections morbides, les principes alimentaires non azotés, le sucre et la fécule, par exemple, produisent dans l'estomac de l'acide lactique et du mucilage, c'est-à-dire des substances qu'on parvient à obtenir artificiellement en dehors de l'estomac; dans l'état de santé, toutefois, l'estomac n'engendre point d'acide lactique. *(Doc. XXIV.)*

Plusieurs physiologistes, se fondant sur cette propriété de la fécule, du sucre et d'autres aliments respiratoires, de passer à l'état d'acide lactique, sous l'influence de certaines substances animales en décomposition, admirent, sans aucune autre preuve, qu'il naît de l'acide lactique pendant la digestion, et puisque cet acide dissout le phosphate de chaux, ils lui attribuèrent le rôle d'un solvant universel. Mais je ferai observer que ni Prout ni M. Braconnot n'ont pu trouver l'acide lactique dans le suc gastrique; M. Lehmann * aussi dit n'avoir obtenu avec le suc gastrique d'un chat que des traces de cristaux de lactate de zinc à peine perceptibles à l'aide du microscope, et sans qu'il ait pu en constater le caractère chimique.

La présence de l'acide hydrochlorique dans l'estomac, fait qui a été signalé pour la première fois par Prout, s'est trouvée confirmée par les recherches de tous les chimistes. Cet acide provient évidemment du sel marin, dont la soude joue un rôle fort important dans la transformation de la fibrine et du caséum en sang.

D'ailleurs l'acide hydrochlorique possède mieux que tout autre acide la propriété de dissoudre le phosphate calcaire; l'acide acétique la possède au même degré que l'acide lactique. Il n'est donc pas nécessaire que ce dernier précisément se forme dans la digestion; on sait d'une manière positive, du reste, qu'il

* *Lehrbuch der physiol. Chemie*, t. I, 285.

ne se produit pas dans la digestion artificielle. M. Berzélius, il est vrai, a trouvé des lactates dans le sang et dans la chair des animaux, mais à l'époque de ses analyses on ignorait encore la facilité avec laquelle l'acide lactique résulte, en présence des substances animales, d'une foule d'autres matières qui ne renferment que ses éléments.

Outre l'acide hydrochlorique, M. Braconnot * a trouvé dans le suc gastrique d'un chien des traces sensibles d'un sel de fer qu'il avait considéré d'abord comme accidentel, avant de l'avoir aussi découvert dans le suc gastrique extrait avec beaucoup de précaution de l'estomac d'un autre chien. La présence du fer y est nécessairement dans un certain rapport avec la formation du sang.

72. Dans l'action du suc gastrique sur les aliments, il n'y a, outre l'eau, que l'oxigène qui intervienne d'une manière visible. Cet oxigène, l'atmosphère l'offre à l'estomac. En effet, pendant la mastication des aliments, certaines glandes secrètent dans la bouche un liquide particulier doué, à un bien plus haut degré encore que l'eau de savon, de la propriété d'emprisonner de l'air dans l'écume qu'il produit. C'est donc par l'intermédiaire de la *salive* que cet air arrive dans l'estomac, et là son oxigène entre en combinaison; son azote est réexpulsé par la peau et par le poumon.

* *Annales de chimie et de physique*, t. LIX, 349.

Plus la durée de la digestion est longue et plus les aliments s'opposent à la dissolution, plus aussi la quantité de salive et conséquemment d'air introduite dans l'estomac est considérable. La régurgitation des aliments chez les ruminants a donc nécessairement aussi pour but de les mettre en contact avec une nouvelle quantité d'oxigène, car si elle se bornait à une division mécanique, cela n'aurait pour effet que d'abréger la durée de la dissolution.

Les quantités différentes d'air qui, chez les diverses classes zoologiques, arrivent dans l'estomac par suite de l'insalivation de leur nourriture, nous expliquent ce fait, bien constaté par les physiologistes, que les animaux exhalent de l'azote par la peau et par le poumon; ce fait est d'autant plus important qu'il démontre d'une manière irréfragable que l'azote de l'air ne trouve aucun emploi dans l'économie animale.

75. L'exhalation de l'azote par la transpiration cutanée et par la transpiration pulmonaire est d'accord avec la faculté que possèdent tous les tissus animaux d'être perméables à toute espèce de gaz.

Cette perméabilité peut être mise en évidence par des expériences fort simples. Ainsi une vessie remplie d'acide carbonique, d'azote et d'hydrogène, et suspendue dans l'air après avoir été bien ficelée, perd, dans l'espace de 24 heures, tous les gaz qu'on y avait confinés; ceux-ci s'échappent peu à peu dans l'atmosphère et se trouvent remplacés à mesure par de l'air atmosphérique.

Un boyau, un estomac, une membrane quelconque remplis de ces gaz se comportent absolument comme une vessie; tous les tissus animaux possèdent cette propriété, qui se présente au même degré dans le corps vivant que dans les parties mortes.

On a observé dans certaines lésions du poumon qu'il pénètre dans les bronches non seulement de l'oxigène, mais de l'air atmosphérique avec tout l'azote qu'il contient. Les mouvements respiratoires charrient alors cet air dans toutes les parties des tissus, de sorte que le corps en est tuméfié, comme par l'eau dans les affections hydropiques. Cet état d'emphysème disparaît sans occasionner de douleurs, dès que l'air cesse de pénétrer dans le corps; sans doute l'oxigène de cet air entre en combinaison tandis que son azote est exhalé par la peau et le poumon.

Il est bien reconnu aussi que chez beaucoup d'herbivores, lorsqu'ils surchargent leur appareil digestif de certaines plantes vertes et succulentes, les principes de celles-ci éprouvent dans l'estomac une semblable décomposition qu'en dehors du corps à la même température; ces principes entrent alors en fermentation ou en putréfaction, et dégagent par là une si grande quantité de gaz carbonique et même de gaz inflammables, que le corps se gonfle au point même quelquefois de crever. L'estomac de ces animaux (on sait qu'ils en ont plusieurs) possède une organisation telle, que les gaz ainsi développés ne peuvent point s'échapper par la bouche; toutefois ils désenflent peu à peu, et au bout de 24 heures la tumescence disparaît complétement (*Doc.* XXV).

Qu'on se rappelle enfin les accidents, souvent mortels, occasionnés dans les pays vignobles par l'usage immodéré des vins mousseux qui se trouvent encore en pleine fermentation. Cette fermentation est singulièrement activée par la chaleur de l'estomac ; l'acide carbonique qui en résulte, pénètre à travers les parois de l'estomac, du diaphragme, à travers toutes les membranes, et vient expulser du poumon l'air atmosphérique. L'individu en proie à un pareil accident, meurt avec tous les symptômes de l'asphyxie par un gaz irrespirable, et ce qui prouve bien qu'un pareil gaz s'accumule dans le poumon, c'est que le remède le plus efficace pour sauver le malade, c'est de lui faire respirer du gaz ammoniac.

Tout cela démontre bien que les gaz de toute espèce, solubles et insolubles dans l'eau, ont la propriété de traverser les tissus animaux ; ils le font comme l'eau pure qui pénètre à travers le papier non collé.

L'acide carbonique qui arrive dans l'estomac par les vins fermentés, ou que l'on administre en dissolution dans l'eau sous forme de lavement, peut s'évaporer de nouveau par la peau et le poumon ; il faut en dire autant du gaz azote que l'insalivation entraîne dans l'estomac.

74. Une partie de ces gaz peut certainement, par la voie des vaisseaux absorbants et lymphatiques, arriver dans le sang veineux et de là dans le poumon, où

elle s'évapore, mais rien ne s'oppose à ce que les gaz pénètrent directement dans la cavité thoracique et dans le poumon. En effet, on ne conçoit pas trop pourquoi les vaisseaux absorbants et lymphatiques auraient une tendance particulière à absorber de l'air, de l'azote, de l'hydrogène, etc., pour introduire ces gaz dans le sang, tandis que les intestins, l'estomac, toutes les cavités enfin de l'organisme non remplies de matières solides ou liquides, renferment des gaz qui ne se déplacent que par l'effet d'une dilatation, et qui par conséquent ne sont point absorbés par ces vaisseaux. Le sang, dans son passage par le poumon, se sature d'autant d'azote que lui permet sa faculté dissolvante; il se comporte en cela comme tous les liquides, et il faut donc admettre que l'azote est exhalé non seulement par l'effet de la circulation, mais qu'il sort aussi de l'organisme d'une manière plus directe, c'est-à-dire par l'estomac.

Tous les gaz qui remplissent les espaces vides sont sans cesse poussés vers la cavité thoracique par les mouvements respiratoires, car il se produit nécessairement un vide par l'effet de l'expansion du diaphragme et de la dilatation de la poitrine, de sorte que la pression extérieure de l'atmosphère chasse de toutes parts de l'air dans le poumon; il est vrai que le larynx contribue le plus à maintenir l'équilibre, mais néanmoins il faut que tous les gaz, dans l'intérieur du corps, suivent toujours un mouvement vers la cavité thoracique et vers le poumon.

Chez les oiseaux et chez les tortues ce mouvement se fait en sens inverse.

Supposons qu'un homme n'introduise dans l'estomac, par la salive et dans une minute, que 1/8 de pouce cube d'air, cela fera toujours dans 18 heures 135 pouces cubes, et si nous en défalquons le cinquième pour l'oxigène, il restera encore 108 pouces cubes d'azote, qui occupent l'espace de 1500 grammes d'eau. Ainsi quelque petite que soit la proportion d'azote ainsi absorbée, il faut cependant que ce gaz ressorte soit par la bouche, soit par le nez, soit par la peau.

Si l'on considère enfin la grande quantité d'azote observée par M. Magendie dans les intestins des suppliciés, et l'absence complète de l'oxigène dans ces mêmes viscères (*Doc.* XXVI), il faut nécessairement admettre que l'air, c'est-à-dire l'azote, s'introduit aussi dans l'organisme par l'effet de l'absorption cutanée, et que ce même gaz est de nouveau exhalé par le poumon.

Lorsque certains animaux respirent des gaz qui ne renferment pas d'azote, ils exhalent néanmoins de l'azote ; c'est parce qu'alors l'azote renfermé dans le corps de ces animaux se comporte avec le gaz ambiant comme avec le vide. (V. Graham, *Sur la diffusion des gaz.*)

D'après ce qui précède, on s'explique donc aisément les différences dans les quantités d'azote exhalées par les diverses classes animales. Par l'insalivation, les herbivores introduisent dans l'organisme plus d'air que les carnivores ; les premiers exhalent donc plus d'azote, dans l'état d'abstinence ils en rejettent moins qu'immédiatement après leurs repas.

75. De la même manière que la fibre musculaire éprouve, en dehors de l'organisme, une certaine décomposition et qu'elle communique le mouvement de ses molécules à l'eau oxigénée, de même aussi le produit qui résulte de la mutation des principes de l'estomac et des organes digestifs, transporte, en accomplissant sa métamorphose, son état de décomposition sur les aliments ingérés dans l'estomac; alors les parties insolubles de ces aliments acquièrent de la solubilité, elles sont ce qu'on appelle *digérées*.

Il est curieux de voir que la fibrine et le blanc d'œuf bouilli, rendus solubles par la présence d'un acide organique ou d'une faible lessive alcaline, n'éprouvent pas par là la moindre altération, si ce n'est celle de la forme ou de l'état de cohésion; les éléments de ces principes ne font que se grouper dans une autre direction; mais ils ne se séparent point en deux ou en plusieurs groupes de combinaison, ils demeurent au contraire unis.

La même chose se présente dans la digestion; dans l'état normal de cette fonction, les aliments perdent simplement leur cohérence.

Ce qui empêche surtout de bien saisir le phénomène de la digestion, au point de vue sous lequel nous l'avons considéré, c'est l'idée fausse qu'on se fait généralement des métamorphoses organiques, des phénomènes de fermentation et de pourriture; on y envisage d'une manière trop exclusive ceux que présentent le sucre et les matières animales, et l'on oublie qu'il est un grand nombre de cas où des métamorphoses s'accomplissent sans aucun dégagement de gaz; la digestion appartient précisément à cette classe de métamorphoses chimiques.

Toutes les matières susceptibles d'arrêter la fermentation ou la putréfaction dans les liquides, troublent aussi la digestion, lorsqu'elles sont introduites dans l'estomac. Sous ce rapport, il faut surtout remarquer les principes empyreumatiques du café torréfié, la fumée de tabac, la créosote, les préparations mercurielles, etc.

76. L'identité de composition des principes du sang et des aliments végétaux azotés nous explique, d'une manière fort nette, pourquoi le sang, le blanc d'œuf, la chair, le fromage pourris déterminent dans l'eau sucrée la même décomposition que la levure de bière; elle nous fait comprendre pourquoi le sucre, au contact de ces substances, se décompose, suivant leur état de putréfaction, tantôt en alcool et en acide carbonique, tantôt en acide lactique et en mucilage. C'est que la levure de bière est précisément de l'albumine, de la fibrine ou de la caséine végétale en putréfaction, et ces principes, comme on le sait, sont identiques aux principes du sang et de la chair. Ainsi lorsque ces substances animales se putréfient, il se passe absolument la même chose que dans la métamorphose des substances végétales dont nous parlons, c'est-à-

dire qu'elles aussi se dédoublent en de nouvelles combinaisons moins complexes.

Les métamorphoses continues de l'économie animale étant considérées comme des réactions chimiques qui s'accomplissent sous l'influence de l'activité vitale, on peut dire que la putréfaction des mêmes substances en dehors de l'organisme a pour effet de les dédoubler en des combinaisons encore plus simples ; l'action est la même dans l'un et l'autre cas, il n'y a de la différence que dans les produits.

La médecine possède des observations fort intéressantes sur l'efficacité des matières empyreumatiques, par exemple de l'acide pyroligneux, dans la guérison des plaies et des abcès purulents ; dans ces affections morbides, deux métamorphoses s'effectuent simultanément : l'une tend à s'accomplir sous l'influence de l'activité vitale, l'autre, indépendante de celle-ci, est purement chimique, aussi peut-on entièrement l'arrêter à l'aide des matières empyreumatiques. L'effet de ceux-ci est tout à fait opposé à celui que le sang putréfié ou le pus appliqué sur une plaie détermine dans l'organisme.

CHAPITRE III.

COMPOSITION DES TISSUS ORGANIQUES.

76. La composition de la protéine, c'est à-dire des principes organiques du sang, telle que l'analyse directe l'établit, est la suivante :

$$C_{48} H_{72} N_{12} O_{14}$$ *

L'albumine, la fibrine et la caséine renferment de la protéine ; la caséine renferme du soufre et ne contient pas de phosphore ; la fibrine et l'albumine renferment du soufre et du phosphore en combinaison chimique ; dans la première il y a plus de soufre que dans la seconde. On ne saurait décider sous quelle forme le phosphore se trouve dans ces matières, mais d'un autre côté il existe des faits qui prouvent d'une manière positive que le soufre n'y est pas à l'état oxigéné. Ainsi lorsqu'on chauffe ces matières avec une lessive de potasse moyennement concentrée, celle-ci se charge de sulfure de potassium, et les

* Voyez, dans les Documents annexés à la fin de l'ouvrage, la composition centésimale de cette formule ainsi que des suivantes.

acides ajoutés à la solution en dégagent alors de l'hydrogène sulfuré.

Lorsqu'on dissout la fibrine pure ou le blanc d'œuf ordinaire dans une faible lessive de potasse, qu'on y ajoute de l'acétate de plomb en ayant soin que tout l'oxide de plomb reste en dissolution, et qu'on porte le mélange à l'ébullition, il devient noir comme de l'encre, et dépose du sulfure de plomb à l'état d'une poudre fine.

Il est très probable que, par l'action de l'alcali, le soufre est enlevé à ces principes sous forme d'hydrogène sulfuré, et le phosphore à l'état d'acide phosphorique. Or, comme dans ce cas il s'élimine, d'une part, du soufre et du phosphore, et, d'autre part, de l'hydrogène et de l'oxigène, on est conduit à penser que la fibrine et l'albumine, avec le soufre et le phosphore qu'elles contiennent, devraient donner à l'analyse plus d'hydrogène et d'oxygène que la protéine pure. Mais ce point ne peut pas être bien établi par l'expérience, car on n'a trouvé, par exemple, que 0,56 pour cent de soufre dans la fibrine, et, si l'on admet que ce soufre s'élimine en même temps qu'une certaine quantité d'hydrogène, il y aurait dans la protéine 0,0225 pour cent d'hydrogène de moins que dans la fibrine; pour celle-ci on devrait donc trouver, terme moyen, 7,062 pour cent d'hydrogène, et pour la protéine, 7,04 pour cent. On voit que l'analyse ne peut guère se prononcer là-dessus. De même, s'il s'éliminait de l'oxigène en même temps que du phosphore, par l'action de la potasse, l'oxigène étant dans la fibrine de 22,715 ou 22 pour cent se trouverait réduit dans la protéine à 22,5 ou 21,8 pour cent. Mais les erreurs commises dans l'analyse sont toujours plus considérables que ces différences, et l'expérience ne répond jamais ni de $^1/_{10}$ pour cent dans la détermination de l'hydrogène, ni de $^4/_{10}$ dans celle de l'oxigène ; dans le cas qui nous occupe, il s'agit de $^1/_{48}$ pour cent dans la proportion de l'hydrogène.

Qu'on ajoute à cela que l'élimination du phosphore et du soufre pourrait très bien s'effectuer aux dépens des éléments de l'eau, de telle sorte qu'une certaine quantité de ce principe se fixerait sur les éléments organiques de l'albumine et de la fibrine pour les transformer en protéine ; on remarque encore que l'analyse seule ne peut guère nous éclairer à cet égard.

On s'était basé sur la formation du sulfure de potassium pour faire des inductions en faveur de l'état non oxigéné du phosphore dans la fibrine et de l'albumine, et l'on avait admis que l'oxigène de la potasse servait à transformer ce phosphore en acide phosphorique ; mais ces inductions ne sont pas fondées, car la caséine, quoique exempte de phosphore, se comporte avec la potasse comme les deux autres principes ; elle donne, comme ceux-ci, du sulfure de potassium, et la formation de ce corps ne saurait s'expliquer sans qu'on admette une élimination d'hy-

9*

drogène sulfuré. M. Chevreul a observé qu'il se dégage déjà de l'hydrogène sulfuré dans la cuisson pure et simple de la viande.

Enfin il est à remarquer que l'albumine ne renferme pas, pour la même quantité de phosphore, la même proportion de soufre que la fibrine ; cela tend par conséquent à prouver que la formation du sulfure de potassium ne se trouve dans aucune relation avec la présence de ce phosphore. Nous le répétons, on obtient du sulfure de potassium avec la caséine, qui est supposée ne pas contenir de phosphore, et l'on en obtient avec l'albumine qui ne renferme que moitié autant de phosphore que la fibrine.

Tous les efforts tentés dans le but d'établir des formules rationnelles exprimant en nombres atomiques ces quantités de phosphore et de soufre, seront sans aucun résultat, car nous ne possédons pas les moyens de déterminer d'une manière assez rigoureuse des proportions aussi minimes de soufre et de phosphore ; les erreurs, insignifiantes en apparence, commises dans ces déterminations sont toujours assez fortes pour modifier considérablement le nombre des atomes de carbone, d'hydrogène et d'oxigène.

Qu'on ne se méprenne pas, du reste, sur la portée des analyses élémentaires ; elles ont conduit aux mêmes rapports numériques pour l'albumine que pour la fibrine, et bien qu'on ignore le nombre des atomes qui entrent dans la molécule de ces principes, bien qu'on ne connaisse pas leur équivalent chimique, cela ne nous empêche nullement d'admettre l'identité de leur composition.

77. La formule de la protéine, telle que nous l'avons adoptée, est l'expression immédiate de l'analyse; c'est donc sur elle que nous allons baser notre raisonnement.

S'il est vrai que tous les tissus organiques dérivent de l'albumine et de la fibrine du sang, les transformations de ces deux principes s'effectuent nécessairement, en ce qu'ils perdent ou fixent certains éléments.

Que l'on prenne, par exemple, pour le tissu cellulaire, la gélatine, les tendons, les poils, la corne, etc., une expression analytique où le nombre des atomes de carbone soit représenté par une quantité invariable; on verra alors, par l'inspection seule des formules, dans quels rapports les autres éléments se trouvent unis; c'est là tout ce que la physiologie a besoin de connaître pour s'éclairer sur le mode d'accroissement et de nutrition dans l'économie animale.

Les recherches de M. Mulder et de M. Scherer (*Doc.* XXVII) ont conduit aux formules empiriques que voici :

COMPOSITION DES TISSUS ORGANIQUES.

Albumine.	$C_{48}\ N_{12}\ H_{72}\ O_{14} + P + S$ *
Fibrine.	$C_{48}\ N_{12}\ H_{72}\ O_{14} + P + 2\,S$
Caséine.	$C_{48}\ N_{12}\ H_{72}\ O_{14} + S$
Tissus gélatineux, tendons.	$C_{48}\ N_{15}\ H_{82}\ O_{18}$
Chondrine, etc.	$C_{48}\ N_{12}\ H_{80}\ O_{20}$
Poils, corne.	$C_{48}\ N_{12}\ H_{76}\ O_{16}$
Tunique des artères.	$C_{48}\ N_{14}\ H_{78}\ O_{15}$

Ces formules indiquent que dans la transformation de la protéine en chondrine (principe des cartilages costaux), la protéine fixe de l'oxigène, ainsi que les éléments de l'eau; que dans la formation des membranes séreuses, des cellules et des tendons, elle fixe, en outre, de l'azote.

La formule de la protéine $C_{48}\ N_{12}\ H_{72}\ O_{14}$, étant placée égale à Pr., on a en effet :

	Protéine.	Ammoniaque.	Eau.	Oxigène.
Fibrine. / Albumine.	Pr.			
Tunique des artères.	Pr.		$+ 2\,H_2O$	
Chondrine.	Pr.		$+ 4\,H_2O$	$+ 2\,O$
Poils, corne.	Pr.	$+ N_2H_6$		$+ 3\,O$
Membranes, cellules.	Pr.	$+ 3\,N_2H_6$	$+ H_2O$	$+ 7\,O$

* Les quantités de phosphore et de soufre représentées par P et S n'expriment pas des nombres atomiques, elles n'indiquent que les proportions relatives de ces éléments telles que l'analyse les a établies.

Ce tableau prouve que tous les tissus animaux renferment, pour un même nombre d'atomes de carbone, plus d'oxigène que les principes du sang; dans la formation de ces tissus, la protéine fixe évidemment l'oxigène de l'atmosphère ou les éléments de l'eau. De même on voit que dans les poils et dans les membranes il y a plus d'azote et plus d'hydrogène unis dans la proportion de l'ammoniaque.

On sait qu'aujourd'hui encore les chimistes ne sont pas d'accord sur la question de savoir comment les éléments sont groupés dans les sels, par exemple, dans le sulfate de potasse : ce serait donc aller trop loin que de considérer la tunique artérielle comme un hydrate de protéine, la chondrine comme l'oxide de l'hydrate de protéine, les membranes et les poils comme des combinaisons ammoniacales d'oxide de protéine. Les formules qu'on vient de lire n'expriment d'une manière positive que les différences dans la composition des principes animaux, elles démontrent qu'à proportion égale de charbon le rapport des autres éléments varie.

78. On peut déduire de ces formules la manière dont les divers tissus résultent des principes du sang. Deux points de vue se présentent pour interpréter ces transformations; on ne saurait, dans l'état actuel de la science, décider lequel est le plus conforme à la vérité.

A quantité égale de carbone, les membranes et les tissus gélatineux renferment plus d'azote, d'oxigène et d'hydrogène que la protéine; il serait possible qu'ils se formassent de l'albumine en ce que celle-ci fixerait de l'oxigène, ainsi que les éléments de l'eau et de l'ammoniaque, et céderait en même temps le phosphore et le soufre; dans tous les cas leur composition diffère entièrement de celle des principes essentiels du sang.

La manière dont la gélatine se comporte avec les alcalis caustiques démontre positivement qu'elle ne renferme plus de protéine, car on ne parvient d'aucune manière à en extraire ce principe; tous les produits fournis par la gélatine sous l'influence des alcalis diffèrent complétement de ceux que les combinaisons protéiques donnent dans les mêmes circonstances. Peu importe que la protéine existe toute formée dans la fibrine, la caséine et l'albumine; il est certain du moins que les éléments de ces principes se groupent sous l'influence des alcalis pour donner de la protéine, tandis que ceux de la gélatine n'ont pas la même propriété.

Une autre manière d'interpréter la production de la gélatine aurait pour elle plus de probabilité; elle consisterait à l'attribuer à une élimination de carbone.

En supposant en effet que la proportion d'azote (12 atomes) contenue dans la protéine reste la même dans la gélatine, la composition de celle-ci s'exprimerait par $C_{38} N_{12} H_{64} O_{14}$. Cette formule s'accorde le mieux avec l'analyse de M. Scherer, toutefois elle n'est pas rigoureusement exacte; la formule $C_{32} H_{54} N_{10} O_{12}$, coïncide mieux avec les nombres obtenus par l'expérience ; si l'on se base sur l'analyse de M. Mulder, on arrive à la formule C_{54} H_{84} N_{18} O_{20} *.

D'après la première formule, la production de la gélatine serait accompagnée d'une élimination de carbone et d'hydrogène ; selon les deux autres, il s'éliminerait une certaine quantité de tous les éléments à la fois.

79. La conséquence la plus importante qui découle de la composition de la gélatine, c'est que ce principe, quoique dérivant des combinaisons protéiques, sort entièrement de la série de ces combinaisons ; les réactions chimiques de la gélatine justifient pleinement cette assertion.

Toutes les expériences démontrent que la nature n'a destiné à la sanguification que les combinaisons protéiques sulfurées. Les végétaux ne renferment aucun principe semblable à la gélatine ; c'est que ce corps n'est pas une combinaison protéique, il ne renferme ni phosphore, ni soufre, il contient plus d'azote et moins de charbon que la protéine. Dans la sanguification, l'activité vitale ne fait prendre aux combinaisons protéiques qu'une nouvelle forme, sans altérer leur composition ; les organes sanguificateurs sont incapables d'engendrer ces combinaisons avec des matières qui ne renferment pas de protéine, et ce qui le prouve bien, c'est que des animaux nourris

* La formule C_{52} H_{80} N_{16} O_{20}, calculée par M. Mulder, donne trop peu d'azote en centièmes.

exclusivement avec de la gélatine périrent d'inanition, quoique la gélatine soit le principe le plus azoté que les aliments puissent offrir aux carnivores.

D'un autre côté, on ne saurait mettre en doute que la gélatine ne dérive du sang, et même tout semble annoncer que la fibrine du sang veineux, en devenant fibrine artérielle, se trouve dans le premier stade de sa transformation en gélatine ; dans certains états de maladie, la fibrine séparée du sang doit en contenir des proportions appréciables. Il répugne entièrement à la raison d'admettre que les membranes et les tendons possèdent la faculté de se créer eux-mêmes au moyen des matières que le sang leur amène. Une cellule déjà formée peut bien avoir la faculté de se conserver ou de se multiplier, mais il lui faut à cet effet des matières qui aient identiquement sa composition. Ces matières sont engendrées dans l'organisme, et certes rien ne se prête mieux à leur formation que les cellules et les membranes elles-mêmes que la digestion a rendues solubles dans l'estomac de l'animal, ou que l'homme consomme déjà à l'état de dissolution.

CHAPITRE IV.

DÉVELOPPEMENT DES MÉTAMORPHOSES A L'AIDE DES ÉQUATIONS CHIMIQUES.

80. Essayons maintenant de développer les principales métamorphoses de l'économie animale en nous basant sur la composition chimique des produits auxquels elles donnent naissance.

Pour éviter toute espèce de malentendu, je dois déclarer tout d'abord que les considérations suivantes n'ont aucun rapport direct avec les idées émises dans les premiers chapitres; je récuse donc d'avance toutes les inductions qu'on pourrait en tirer pour combattre ces idées. Les résultats auxquels je suis arrivé me surprennent et m'inspirent les mêmes doutes, qu'ils pourront éveiller dans certains esprits, mais ce ne sont pas de purs jeux d'imagination; je les donne avec la conviction que la voie qui m'y a conduit, est la seule qui promette d'éclaircir les phénomènes de la vie organique, et que toutes les analyses faites sur les substances animales demeureront sans aucun fruit, et pour la physiologie et pour la chimie, tant qu'elles n'auront pas été entreprises en vue d'un but bien défini.

81. S'il est vrai que toutes les parties de l'organisme dérivent du sang ou de ses principes, et que les organes déjà formés éprouvent des mutations continues sous l'influence de l'oxigène, arrivant en contact avec eux, il faut nécessairement que les excrétions animales renferment les produits des tissus métamorphosés.

D'un autre côté, si dans l'urine on retrouve les produits riches en azote, et dans la bile les produits riches en carbone, provenant de toutes ces mutations, il est évident que la somme des éléments de la bile et de l'urine doit donner les mêmes proportions que les éléments du sang.

Le sang se transforme en organes, donc les organes renferment les éléments du sang ; les organes se métamorphosent, et comme l'oxigène et l'eau sont les seuls corps étrangers qui interviennent dans ces mutations, les quantités relatives de carbone et d'azote doivent être les mêmes dans les produits qui en résultent que dans le sang.

Ainsi, en défalquant de la composition du sang les éléments de l'urine, de même que l'oxigène et l'eau intervenus dans la métamorphose, on devra retrouver la composition de la bile ; ou bien, en déduisant des éléments du sang les éléments de la bile, on devra obtenir de l'urate d'ammoniaque, ou de l'urée et de l'acide carbonique.

Ce qui ajoute encore à l'intérêt du théorème que je viens d'établir, c'est qu'il conduit à la véritable formule de la bile, ou plutôt à l'expression empirique de sa composition, et qu'il fournit la clef des métamorphoses éprouvées par ce corps sous l'influence des acides et des alcalis, métamorphoses que jusqu'à présent on avait vainement cherché à expliquer.

82. Lorsqu'on fait couler du sang récemment tiré sur une plaque d'argent chauffée à 60°, il se dessèche en un vernis rouge qui se réduit aisément en poudre. La chair musculaire fraîche et dépourvue de graisse, portée d'abord à une température modérée, puis à 100°, se dessèche aussi en une masse brune et friable.

Les analyses de MM. Playfair et Bœckmann (*Doc.* XXVIII) donnent, pour la chair musculaire (fibrine, albumine, tissu cellulaire et nerfs) et pour le sang, la même formule empirique, savoir :

$$C_{48} N_{12} H_{78} O_{15}.$$

83. Suivant les expériences de M. Demarçay, la bile est une combinaison semblable aux savons, renfermant de la soude unie à une substance particulière qui a reçu le nom d'*acide choléique ;* cet acide se précipite en combinaison avec l'oxide de plomb, lorsqu'on ajoute de l'acétate de plomb à de la bile purifiée par l'alcool de toutes les parties insolubles.

L'acide choléique est décomposé par l'acide hydrochlorique en *taurine*, en *sel ammoniac* et en un autre acide non azoté, l'*acide choloïdique.*

Ce même acide choléique se transforme, par l'action de la potasse caustique, en *ammoniaque* et en *acide cholique*, qu'il ne faut pas confondre avec le *cholsaeure* de M. Gmelin.

Il est clair que les produits de décomposition de l'acide choléique doivent se trouver dans une corrélation simple et bien définie avec cet acide. Notre conclusion ne se trouverait nullement modifiée, si, ainsi qu'il semble résulter des expériences de M. Berzélius, l'acide choléique et l'acide choloïdique étaient des mélanges de plusieurs corps ; en effet, le nombre relatif des atomes représentant ces acides n'en serait pas changé.

Pour développer les métamorphoses subies par l'acide choléique sous l'influence des acides et alcalis, on peut se baser sur la composition suivante :

$$C_{76}\ H_{132}\ N_4\ O_{22}$$

qui exprime la composition empirique de l'acide choléique (*Doc.* XXIX).

Je le répète, cette formule représente peut-être la composition de plusieurs corps pris ensemble; mais, de toute manière, elle indique le nombre relatif de tous les éléments qui s'y trouvent.

Si l'on retranche des éléments de l'acide choléique les produits nés sous l'influence de l'acide hydrochlorique, savoir l'ammoniaque et la taurine, on arrive à la formule empirique de l'acide choloïdique (*Doc.* XXX) ; en effet, on a :

Acide choléique $C_{76}\ H_{132}\ N_4\ O_{22}$

moins

1 at. de de taurine $C_4\ H_{14}\ N_2\ O_{10}$ } $C_4\ H_{20}\ N_4\ O_{10}$
1 éq. d'ammoniaque $H_6\ N_2$ }

Il reste pour l'ac. choloïdique $C_{72}\ H_{112}\ O_{12}$.

De même, en retranchant des éléments de l'acide choléique les éléments de l'urée et de 2 atomes d'eau (2 atomes d'acide carbonique et 2 éq. d'ammoniaque), on arrive à la composition de l'acide cholique (*Doc.* XXXI).

Acide choléique $C_{76}\ H_{132}\ N_4\ O_{22}$

moins

2 at. d'ac. carbonique $C_2\ O_4$ } $C_2\ H_{12}\ N_4\ O_4$
2 éq. d'ammoniaque $N_4\ H_{12}$ }

Il reste pour l'acide cholique $C_{72}\ H_{120}\ O_{18}$.

Si l'on considère la concordance parfaite des résultats analytiques (XXIX, XXX et XXXI) et des nombres calculés d'après ces formules, on saurait à peine mettre en doute que la formule de l'acide choléique, telle que nous l'avons établie, exprime, aussi exactement que le comportent des substances de cette espèce, le nombre relatif de ses éléments, quel qu'en soit d'ailleurs le groupement moléculaire.

Ajoutons maintenant la moitié des nombres qui expriment le nombre relatif des éléments de l'acide choléique aux éléments de l'urine des serpents, c'est-à-lire aux éléments de l'urate neutre d'ammoniaque ; nous aurons :

Acide choléique		$C_{38}\,H_{66}\,N_2\,O_{11}$
plus		
1 éq. d'acide urique	$C_{10}\,H_8\,N_8\,O_6$	$C_{10}\,H_{14}\,N_{10}\,O_6$
1 — d'ammoniaque	$H_6\,N_2$	
		$C_{48}\,H_{80}\,N_{12}\,O_{17}$.

Or, cette dernière formule exprime la composition du sang, (82) plus les éléments de 1 atome d'eau et de 1 atome d'oxigène :

Composition du sang		$C_{48}\,H_{78}\,N_{12}\,O_{15}$
plus		
1 at. d'eau	$H_2\,O$	$H_2\quad O_2$
1 — d'oxigène	O	
		$C_{48}\,H_{80}\,N_{12}\,O_{17}$.

Enfin, en ajoutant aux éléments de la protéine ceux de 5 atomes d'eau, on a, à 2 atomes d'hydrogène près, les éléments de l'acide choléique et de l'urate d'ammoniaque :

1 atome de protéine	$C_{48}\,H_{72}\,N_{12}\,O_{14}$
3 — d'eau	$H_6\quad O_3$
	$C_{48}\,H_{78}\,N_{12}\,O_{17}$.

84. Ainsi nous considérerons l'acide choléique et l'urate d'ammoniaque comme les produits de la mu-

tation de la fibre musculaire, car dans l'organisme il n'y a pas d'autre tissu renfermant de la protéine ; l'albumine se transforme en tissus, mais il n'est guère possible de dire si dans l'économie elle se convertit directement en acide urique et en acide choléique. En ajoutant à la fibrine les éléments de l'eau, on a tous les éléments nécessaires à cette métamorphose ; sauf le phosphore et le soufre, qui tous deux s'oxident, aucun autre élément n'en est éliminé.

La métamorphose que nous venons de développer se rapporte à celles qui s'opèrent dans les classes inférieures des amphibies, et peut-être aussi dans les vers et les insectes. Dans l'urine des classes plus élevées de la série zoologique, l'acide urique se trouve remplacé par l'urée.

La disparition de l'acide urique et la production de l'urée se trouvent nécessairement dans une corrélation fort intime avec l'oxigène absorbé par ces animaux dans l'acte respiratoire, et avec la quantité d'eau que quelques uns d'entre eux consomment dans un temps donné.

En effet, lorsqu'on oxide l'acide urique, il se décompose d'abord, comme on le sait, en *alloxane* (*Doc.* XXXII) et en *urée ;* une nouvelle quantité d'oxigène transforme l'alloxane, soit en *acide oxalique* et en urée, ou en *acide oxalurique* et en *acide parabanique* (*Doc.* XXXIII), soit enfin en acide carbonique et en urée.

Les calculs urinaires dits *mûraux* renferment de

l'oxalate de chaux; dans les autres, on trouve de l'urate d'ammoniaque, et les calculs de cette espèce se rencontrent toujours chez les personnes chez qui l'absorption de l'oxigène est diminuée, soit par défaut de mouvement ou de fatigue, soit par d'autres causes. Chez les poitrinaires, on n'a jamais rencontré des calculs urinaires renfermant de l'acide oxalique. En France, plusieurs observations ont constaté ce fait que chez les personnes qui sont affectées de la pierre, les calculs, d'abord composés d'urates, se transforment dans la vessie même en calculs mûraux, dès que ces malades passent quelque temps à la campagne et y prennent plus d'exercice; évidemment ils absorbent alors plus d'oxigène, ce qui explique la transformation des urates en oxalates. Chez les individus en bonne santé, il ne se formerait, en présence d'une quantité d'oxigène encore plus forte, que le dernier produit de l'oxidation, c'est-à-dire de l'acide carbonique.

L'interprétation erronée des expériences positives, d'après lesquelles les reins rejettent par les urines toutes les substances qui ne trouvent pas d'emploi dans l'économie, après les avoir plus ou moins modifiées, conduisit les médecins à admettre que les aliments, et surtout les aliments azotés, pouvaient avoir une influence directe sur la production des calculs urinaires. Cette opinion manque de tout fondement, et l'on peut lui opposer une foule d'arguments. Il est possible qu'on ingère par les aliments une certaine quantité de substances que l'art culinaire a altérées au point de les rendre impropres à la sanguification, et qui, après avoir été modifiées plus ou moins par l'effet de la respiration, sont ensuite évacuées avec l'urine ; mais, d'un autre côté, il est certain aussi que les viandes ne changent nullement de composition lorsqu'on les fait cuire ou rôtir (*Doc.* XXXIV).

La viande rôtie ou bouillie se transforme en sang, l'acide urique et l'urée proviennent des tissus métamorphosés. La quantité de ces produits s'accroît en raison de la rapidité des transformations dans un temps donné ; elle n'est dans aucun rapport avec la quantité de nourriture consommée dans le même temps.

Chez un individu qui endure la faim en même temps qu'il se trouve astreint à un mouvement soutenu, il se sécrète plus d'urée que chez l'homme le mieux nourri ; de même la fièvre, l'amaigrissement prompt du corps ont aussi pour effet d'augmenter dans l'urine la proportion de l'urée (Prout).

85. De la même manière que, dans l'urine d'un cheval en repos, l'acide hippurique se convertit en benzoate d'ammoniaque et en acide carbonique dès que l'animal est soumis au travail et à la fatigue, de même aussi l'acide urique disparaît dans l'urine de l'homme qui absorbe, par la peau et par le poumon, une quantité d'oxigène suffisante pour oxider les produits résultant de la métamorphose des tissus. L'usage du vin et de la graisse, ou en général des substances qui ne s'altèrent dans l'organisme qu'autant qu'elles fixent

de l'oxigène, influe d'une manière notable sur la production de l'acide urique. L'urine qu'on évacue après avoir mangé des aliments gras est trouble et dépose en refroidissant de petits cristaux d'acide urique (Prout). La même chose s'observe après l'ingestion des vins qui ne renferment pas l'alcali nécessaire pour maintenir l'acide urique en dissolution ; ainsi cela n'a jamais lieu pour les vins du Rhin.

Chez les animaux qui prennent de grandes quantités d'eau, de sorte que l'acide urique, si peu soluble, est maintenu en dissolution, de sorte que l'oxigène absorbé par la respiration peut y agir, l'urine ne renferme pas d'acide urique, mais on y trouve de l'urée. Dans l'urine des oiseaux, l'acide urique forme au contraire le principe prédominant.

Si l'on ajoute à 1 atome d'acide urique 6 atomes d'oxigène et 4 atomes d'eau, on a les éléments de l'urée et de l'acide carbonique :

$$\left.\begin{array}{ll}\text{1 at. d'ac. uriq.} & C_{10}N_8H_8O_6 \\ \left.\begin{array}{l}\text{4 at. d'eau.} \\ \text{6 at. d'oxigène.}\end{array}\right\} & H_8O_{10}\end{array}\right\} = \left\{\begin{array}{lllll}\text{2 at. d'urée.} & C_4 & N_8 & H_{16} & O_4 \\ \text{6 at. d'ac. carb.} & C_6 & & & O_{12}\end{array}\right.$$

$$C_{10}N_8H_{16}O_{16} \qquad\qquad C_{10}N_8H_{16}O_{16}$$

86. L'urine des herbivores ne renferme pas d'acide urique, mais, en place, on y trouve de l'ammoniaque, de l'urée et de l'acide hippurique ou de l'acide benzoïque. En ajoutant 9 atomes d'oxigène à la formule empirique du sang de ces animaux, prise cinq fois,

on obtient les éléments de 6 atomes d'acide hippurique, de 9 atomes d'urée, de 3 atomes d'acide choléique, de 3 atomes d'eau et de 3 atomes d'ammoniaque; ou bien, en admettant que le sang, en se métamorphosant, fixe 45 atomes d'oxygène, on a 6 atomes d'acide benzoïque, 13 1/2 atomes d'urée, 3 atomes d'acide choléique, 15 atomes d'acide carbonique et 12 atomes d'eau.

$$5\,(C_{48}\,N_{12}\,H_{78}\,O_{15}) + 9\,O = C_{240}\,N_{60}\,H_{390}\,O_{84} =$$

$$= \left\{ \begin{array}{lll} 6\text{ at. d'acid. hippuriq.} & 6\,(C_{18}N_2H_{16}O_6) = & C_{108}N_{12}H_{96}\,O_{30} \\ 9 \text{— d'urée.} & 9\,(C_2\,N_4H_8\,O_2) = & C_{18}\,N_{36}H_{72}\,O_{18} \\ 3 \text{— d'acid. choléique.} & 3\,(C_{38}N_2H_{66}O_{11}) = & C_{114}N_6\,H_{198}O_{33} \\ 3 \text{— d'ammoniaque.} & 3\,(N_2H_6) = & N_6\,H_{18} \\ 3 \text{— d'eau.} & 3\,(H_2\,O) = & H_6\,O_3 \\ \hline & & C_{240}N_{60}H_{390}O_{84} \end{array} \right.$$

Ou bien :

$$5\,(C_{48}\,N_{12}\,H_{78}\,O_{15}) + O_{45} = C_{240}\,N_{60}\,H_{390}\,O_{120} =$$

$$= \left\{ \begin{array}{lll} 6\text{ at. d'ac. benzoïque.} & 6\,(C_{14}\,H_{10}O_3) = & C_{84}\,H_{60}\,O_{18} \\ \frac{27}{2} \text{— d'urée.} & 27\,(C\,N_2H_4\,O) = & C_{27}N_{54}H_{108}O_{27} \\ 3 \text{— d'acide choléiq.} & 3\,(C_{38}N_2H_{66}O_{11}) = & C_{114}N_6\,H_{198}O_{33} \\ 15 \text{— d'acide carbon.} & 15\,(C\,O_2) = & C_{15}\,O_{30} \\ 12 \text{— d'eau.} & 12\,(H_2\,O) = & H_{24}\,O_{12} \\ \hline & & C_{240}N_{60}H_{390}O_{120} \end{array} \right.$$

87. Poursuivons maintenant les mutations dans le fœtus de la vache, et considérons la protéine, amenée au sang de la mère, comme le principe qui subit ou qui a subi une métamorphose. On voit que 2 atomes de protéine représentent, sans l'intervention de l'oxigène ni d'aucune autre substance étrangère, les éléments de 3 atomes d'allantoïne, de 2 atomes d'eau et de 1 atome d'acide choloïdique :

$$2(C_{48}N_{12}H_{72}O_{14}) + 2H_2O = C_{96}N_{24}H_{148}O_{30} =$$

$$= \begin{cases} \text{3 at. allantoïne.} & 3(C_8N_8H_{12}O_6) = C_{24}N_{24}H_{36}O_{18} \\ \text{1 — acide choloïdique.} & C_{72}\quad H_{112}O_{12} \end{cases}$$

$$\overline{C_{96}N_{24}H_{148}O_{30}}$$

Or, les 3 atomes d'allantoïne portés dans le tableau ci-dessus, correspondent exactement aux éléments de 2 atomes d'acide urique, de 2 atomes d'urée et de 2 atomes d'eau.

$$\text{3 at. d'all.} = C_{24}N_{24}H_{36}O_{18} = \begin{cases} \text{2 at. d'ac. urique.} & C_{20}N_{16}H_{16}O_{12} \\ \text{2 — d'urée.} & C_4\ N_8\ H_{16}O_4 \\ \text{2 — d'eau.} & H_4\ O_2 \end{cases}$$

$$\overline{C_{24}N_{24}H_{36}O_{18}}$$

L'inspection de ces formules rend compte des rapports qui existent entre l'allantoïne, contenue dans l'urine du fœtus de la vache, et les principes azotés renfermés dans l'urine des animaux qui respirent. L'allantoïne en effet contient les éléments de l'acide urique et de l'urée, c'est-à-dire des produits azotés résultant de la métamorphose des combinaisons protéiques.

88. Si l'on ajoute à la formule de la protéine, prise 3 fois, les éléments de 4 atomes d'eau, et qu'on retranche de cette somme la moitié des éléments de l'acide choloïdique, il reste une formule qui exprime fort exactement la composition de la gélatine :

$$3\,(C_{48}\,N_{12}\,H_{72}\,O_{14}) + 4\,H_2\,O = C_{144}\,N_{36}\,H_{224}\,O_{46}$$

Moins $\frac{1}{2}$ at. d'acide choloïdique. $= C_{36}\quad H_{36}\,O_6$

Il reste $C_{108}\,N_{36}\,H_{168}\,O_{40}$

ou bien $4\,(C_{27}\,N_9\,H_{42}\,O_{10})$.

Voyez *Docum.* XXXV. De même en retranchant de cette formule de la gélatine les éléments de 2 atomes de protéine, il reste les éléments de l'urée, de l'acide urique et de l'eau, ou de 3 atomes d'allantoïne et de 3 atomes d'eau.

Formule de la gélatine d'après M. Mulder. $C_{108}\,H_{168}\,N_{36}\,O_{40}$

moins 2 atomes de protéine. $C_{96}\;H_{144}\,N_{24}\,O_{28}$

Il reste $C_{12}\;H_{24}\;N_{12}\,O_{12} =$

$$= \left\{\begin{array}{ll} \text{1 at. d'ac. uriq.} & C_{10}H_8\,N_8\,O_6 \\ \text{1 — d'urée.} & C_2\,H_8\,N_4\,O_2 \\ \text{4 — d'eau.} & H_8\quad O_4 \end{array}\right\} = \left\{\begin{array}{ll} \text{3 at. d'all.} = & C_{12}H_{18}N_{12}O_9 \\ \text{3 at. d'eau.} & H_6\quad O_3 \end{array}\right.$$

$$C_{12}H_{24}N_{12}O_{12} \qquad\qquad C_{12}H_{24}N_{12}O_{12}$$

Malgré la plus grande proportion d'azote qu'expriment ces formules comparativement aux analyses de M. Mulder et de M. Scherer, elles démontrent néanmoins que les éléments de 2 atomes de protéine, plus ceux des principes azotés provenant de la métamorphose d'un troisième atome de protéine (acide urique, urée, eau), ou bien les éléments de 3 atomes de protéine, moins ceux d'un corps non azoté produit par la décomposition de l'acide choléique, représentent d'une manière assez exacte la composition de la gélatine.

Il ne faut pas, je le répète, attacher à ces formules plus de prix qu'elles ne méritent; ce ne sont que les premiers essais tentés dans le but d'arriver à une appréciation plus juste du mode de formation et de décomposition des tissus animaux, et je suis persuadé qu'en poursuivant ainsi la bonne voie, on finira par éclaircir entièrement ces phénomènes. Tous ceux qui se sont occupés de l'investigation des phénomènes de la nature, s'accordent à dire qu'ils se présentent sous une forme bien plus simple que l'esprit humain n'est d'ordinaire disposé à le croire, et c'est précisément cette simplicité qui doit faire notre admiration.

La gélatine dérive du sang, elle naît des combinaisons protéiques; elle peut se produire par suite d'une fixation d'ammoniaque et d'oxigène, ou d'eau, d'urée et d'acide urique sur les éléments de la protéine, ou bien aussi par suite de l'élimination d'une substance non-azotée par cette dernière. La solution de ce problème deviendra moins difficile, quand une fois toutes les questions qui s'y rattachent seront arrivées à maturité.

89. Nous n'avons fait intervenir dans les déductions précédentes, outre l'acide choléique, aucun autre principe de la bile, puisque cet acide est le seul que l'on sache avec certitude contenir de l'azote. Si l'on suppose que ce dernier élément provient des tissus métamorphosés, il est tout aussi rationnel d'admettre que le carbone et les autres éléments qui, dans l'acide choléique, se trouvent unis à l'azote, tirent leur origine de la même source.

Pour les carnivores, il est entièrement hors de doute que les principes de leur urine et de leur bile sont les produits de la métamorphose des combinaisons protéiques, car ces animaux ne consomment, outre les matières grasses, que des substances renfermant de la protéine ou dérivées de ce principe ; en effet, les aliments des carnivores ont la même composition que leur sang, et peu importe par conséquent qu'on choisisse le sang ou la nourriture pour point de départ des métamorphoses.

Toutes les expériences sont contraires à l'opinion d'après laquelle l'azote des substances alimentaires se transformerait immédiatement en urée pour passer dans l'urine, sans devenir d'abord partie intégrante des tissus ; car l'albumine, par exemple, le principe le plus important du sang quant au poids, ne peut nécessairement, en traversant le foie ou les reins, subir la moindre altération, puisqu'on la retrouve dans toutes les parties du corps avec les propriétés qui la caractérisent; ces organes ne peuvent pas être propres à métamorphoser ni à décomposer la substance d'où dérivent tous les autres principes.

90. La manière d'être du chyle et de la lymphe démontre nettement que les principes solubles des aliments ou du chyme acquièrent la forme de l'albumine. Le blanc d'œuf bouilli, la fibrine cuite ou coagulée, après avoir perdu leur coagulabilité par le contact à l'air ou par la chaleur, reprennent peu à peu ces propriétés à mesure qu'ils se dissolvent dans l'estomac. On remarque déjà dans les vaisseaux chylifères que la réaction acide du chyme est remplacée par la réaction alcaline particulière au sang; arrivé dans le conduit thoracique après avoir traversé les glandes du mésentère, le produit de la digestion renferme de l'albumine coagulable à chaud et sépare de la fibrine lorsqu'il se trouve abandonné à lui-même. Toutes les combinaisons protéiques qui se mêlent au chyme pendant qu'il traverse les intestins, deviennent albumine; ce principe en effet, comme nous l'apprend l'incubation des œufs, renferme, sauf le fer qui est fourni par d'autres sources, tous les principes nécessaires à la formation des organes.

La médecine pratique a depuis longtemps résolu la question de savoir ce que devient l'excédant des combinaisons protéiques ingérées dans l'économie, elle connaît les changements que subit la nourriture azotée consommée en excès. On voit dans ce cas les vaisseaux sanguins surchargés de sang, les autres vaisseaux gorgés de sucs, et si l'ingestion des aliments continue, si le sang ou les sucs sanguifiables ne trouvent aucun emploi, si en un mot les matières solubles ne sont pas absorbées par les organes destinés à cette fonction, il se développe alors dans les intestins des gaz de toute espèce, comme cela s'observe dans la putréfaction, et les évacuations solides changent d'odeur comme de couleur; dès que les sucs renfermés dans les vaisseaux absorbants et lymphatiques éprouvent de semblables mutations, cela se révèle immédiatement par des changements dans la composition du sang, et la nutrition prend ensuite d'autres formes.

Ces phénomènes ne pourraient pas se présenter si les reins et le foie étaient capables de décomposer les combinaisons protéiques ingérées en excès dans l'économie, et de les transformer en urée, en acide urique et en bile. Les observations que l'on a faites relativement à l'influence des aliments azotés sur la composition de l'urine, sont loin de s'opposer à notre opinion; cette influence ne pourra être bien appréciée que si l'on met en ligne de compte le genre de vie et les habitudes des individus soumis à l'expérimentation.

La gravelle et la pierre s'observent chez les personnes qui prennent peu de nourriture animale; on n'a jamais rencontré des concrétions d'acide urique chez des mammifères carnivores, vivant à l'état libre ou sauvage *; de même, les calculs d'acide urique qui se déposent dans les articulations ou dans la vessie, sont entièrement inconnus chez les nations qui ne vivent que de nourriture animale.

91. Les propositions que nous avons développées plus haut relativement à l'origine de la bile, ou ce qui est plus exact, de l'acide choléique chez les carnivores, ne peuvent pas s'appliquer à tous les principes de la bile sécrétée par le foie des herbivores et des granivores, car il est impossible d'admettre que cette énorme quantité de bile, sécrétée par un bœuf par exemple, puise tout son carbone dans la substance des tissus métamorphosés.

Supposons que les 1800 grammes de bile sèche (provenant de 18 ½ kilogrammes de bile sécrétée par un cheval), renferment la même proportion d'azote que l'acide choléique, c'est-à-dire 5,86 pour cent; il y aurait donc dans cette bile près de 68 grammes d'azote. Si l'azote provenait de la substance des tissus métamorphosés, il ne pourrait, en supposant que tout leur carbone entre dans la bile, se former tout au plus une quantité de bile correspondant à 218 grammes de carbone, quantité bien inférieure à celle qui se sécrète en réalité.

Il faut donc nécessairement que d'autres substances, outre les combinaisons protéiques, prennent

* La présence de l'urate d'ammoniaque dans le calcul urinaire d'un chien, comme l'affirme M. Lassaigne, doit être révoquée en doute, si ce chimiste ne l'a pas lui-même extrait de la vessie.

part à la formation de la bile chez les granivores et les herbivores ; or ces substances ne peuvent être que les matières alimentaires non azotées.

Le *sucre biliaire* de M. Gmelin (*picromel, biline* de M. Berzélius), considéré par M. Berzélius comme le principe essentiel de la bile, par M. Demarçay, au contraire, comme constitué en majeure partie par de l'acide choléique, brûle à l'air comme de la résine, fournit des produits ammoniacaux et donne, sous l'influence des acides, la taurine, ainsi que les produits de décomposition de l'acide choléique ; sous l'influence des alcalis elle donne de l'ammoniaque et de l'acide cholique. Quelle que soit la nature de cette substance, il est certain que l'azote forme une de ses parties constituantes, qu'elle contient une moindre proportion d'oxigène que l'amidon et le sucre, et qu'elle renferme plus d'oxigène que les acides gras. Si à l'aide d'un alcali on élimine l'azote du sucre biliaire ou de l'acide choléique, on obtient un acide cristallisé, l'acide cholique, qui ressemble beaucoup aux acides gras, et qui est capable de s'unir aux bases, en donnant des sels analogues aux savons. On peut même considérer ces principes de la bile comme des combinaisons d'acides gras avec des oxides organiques, semblables aux corps gras ordinaires et qui n'en différeraient que par l'absence de l'oxide de glycéryle. Ainsi, par exemple, l'acide choléique peut-être envisagé comme une combinaison formée par l'acide choloïdique et les éléments de l'allantoïne et de l'eau :

Acide choloïdique		Allantoïne		Eau		Acide choléiqne
$C_{72} H_{42} O_{12}$	$+$	$C_4 N_4 H_6 O_3$	$+$	$H_{14} O_7$	$=$	$C_{76} N_4 H_{132} O_{22}$.

De même, on pourrait considérer l'acide choléique comme formé par de l'acide cholique, de l'urée et de l'eau :

Acide cholique		Urée		Eau		Acide choléique
$C_{74} H_{12} O_{180}$	$+$	$C_2 N_4 H_8 O_2$	$+$	$H_4 O_2$	$=$	$C_{76} N_4 H_{132} O_{22}$.

S'il est vrai que les éléments des aliments non azotés prennent part à la formation de la bile des herbivores et des granivores, et ce fait me paraît indubitable, on voit, d'un autre côté, la composition de la bile, telle que nous la connaissons aujourd'hui, parler tout à fait en faveur de cette opinion.

Dans le cas où la fécule se charge, dans cette transformation, du rôle principal, cela ne peut s'effectuer que par une élimination d'oxigène, comme dans la conversion de la fécule en graisse, car, à nombre égal d'atomes de carbone (72 atomes), la fécule renferme cinq fois autant d'oxigène que l'acide choloïdique.

Il est donc impossible que la fécule se transforme en bile, sans que de l'oxigène se sépare de ses éléments, et ce fait, une fois admis, il est aisé de déduire de la composition de la fécule sa transformation en un corps placé, quant à la composition, entre la fécule elle-même et les acides gras.

93. Pour ne pas faire de ces déductions de purs jeux de formules et pour ne point perdre de vue le but principal que nous cherchons à atteindre, résumons d'abord les conclusions auxquelles on arrive en considérant les proportions des éléments renfermés dans la bile des herbivores.

Les principes essentiels de la bile des herbivores contiennent de l'azote ; cet azote provient des combinaisons protéiques.

En outre, cette bile renferme une plus grande proportion de carbone qu'il n'en correspond à la quantité d'aliments azotés consommés par les animaux, ou à la substance des tissus ayant subi une métamorphose pendant le travail vital.

Par conséquent, une partie de ce carbone est nécessairement fournie par les substances alimentaires non azotées, et pour que ces substances puissent devenir principes azotés de la bile, il faut aussi qu'une partie de leurs éléments se combine avec un principe azoté dérivé d'une combinaison protéique.

Il importe peu pour l'exactitude du raisonnement qu'on fasse provenir cette dernière combinaison des aliments ou des tissus.

94. Le docteur Ure a observé que l'acide benzoïque pris intérieurement se retrouve dans l'urine à l'état d'acide hippurique.

Cette observation, confirmée tout récemment par M. Keller (*Doc.* XLIV), est d'une haute importance physiologique, car elle démontre que la métamorphose des tissus peut, par l'effet de certaines substances mélangées aux aliments, prendre une autre forme quant aux nouvelles combinaisons qui doivent se former. L'acide hippurique renferme les éléments du lactate d'urée qui se serait assimilé ceux de l'acide benzoïque :

1 at. d'urée.	$C_2 N_4 H_8 O_2$	\} = \{	2 at. d'ac. hipp. crist.
1 — d'ac. lactique.	$C_6 H_8 O_4$		$= (C_{18} N_2 H_{18} O_6)$
2 — d'ac. benzoïque.	$C_{28} H_{20} O_6$		
	$C_{36} N_4 H_{36} O_{12}$		

95. Si la métamorphose des tissus s'opère chez les herbivores et les carnivores d'une manière semblable, on voit que le sang de ces animaux doit, dans les derniers produits de la mutation de tous les organes, fournir de l'acide choléique, de l'acide urique et de l'ammoniaque. En supposant que l'acide urique produit le même effet que l'acide benzoïque, dans l'observation de M. Ure, c'est-à-dire qu'il modifie les métamorphoses en s'associant lui-même avec les nouveaux produits, on remarque, par exemple, que 2 atomes de protéine, en fixant les éléments de 3 atomes d'acide urique et de 2 atomes d'oxigène, pourraient donner lieu à la formation de l'acide hippurique et de l'urée :

2 at. de protéine.	$2 (C_{48} N_{12} H_{72} O_{14})$	$= C_{96} N_{24} H_{144} O_{28}$
3 — d'ac. urique.	$3 (C_{10} N_8 H_8 O_6)$	$= C_{30} N_{24} H_{24} O_{18}$
2 — d'oxigène.		$= O_2$
		$C_{126} N_{48} H_{168} O_{48} =$

$$= \left\{ \begin{array}{lll} \text{6 at. d'ac. hippuriq.} & 6\,(C_{18}N_{2}H_{16}O_{5}) = & C_{108}N_{12}H_{96}O_{30} \\ \text{9 — d'urée.} & 9\,(C_{2}N_{4}H_{8}O_{2}) = & C_{18}N_{36}H_{72}O_{18} \\ \hline & & C_{126}N_{48}H_{168}O_{48} \end{array} \right.$$

Enfin, s'il est vrai que les aliments non azotés, comme la fécule, remplissent une fonction bien définie dans la formation de la bile des herbivores, et qu'il est absolument nécessaire qu'un corps azoté s'unisse aux éléments des substances non azotées, pour produire les principes de la bile, on arrive à ce résultat fort remarquable que les éléments de la fécule, plus ceux de l'acide hippurique, représentent les éléments de l'acide choléique, plus une certaine quantité d'acide carbonique :

$$\begin{array}{lll} \text{2 at. d'ac. hippurique.} & 2\,(C_{18}N_{2}H_{16}O_{5}) = & C_{36}N_{4}H_{32}O_{10} \\ \text{5 — de fécule.} & 5\,(C_{12}H_{20}O_{10}) = & C_{60}H_{100}O_{50} \\ \text{2 — d'oxigène.} & & O_{2} \\ \hline & & C_{96}N_{4}H_{132}O_{62} = \end{array}$$

$$= \left\{ \begin{array}{ll} \text{2 at. d'acide choléique.} & C_{76}N_{4}H_{132}O_{22} \\ \text{20 — d'acide carbonique.} & C_{20}O_{40} \\ \hline & C_{96}N_{4}H_{132}O_{62} \end{array} \right.$$

Or, puisque l'acide hippurique peut, en même temps que l'urée, résulter des combinaisons protéiques, lorsque les éléments de l'une d'entre elles fixent les éléments de l'acide urique; puisque, de plus, l'acide urique, l'ammoniaque et l'acide choléique renferment sensiblement le même nombre d'éléments que la protéine, il est évident que si 5 atomes de protéine, en fixant de l'oxigène et les éléments de l'eau, cèdent les éléments de l'acide choléique et de l'ammoniaque, il restera les éléments de l'acide hippurique et de l'urée ; d'un autre côté, si, pendant que cette élimination s'effectue, les éléments de la fécule, intervenant dans les métamorphoses progressives, rentrent dans les nouvelles combinaisons, il en résultera une nouvelle quantité d'acide choléique, ainsi qu'une certaine quantité de gaz acide carbonique ; ce qui revient à dire que *si les éléments de la protéine et de la fécule se métamorphosent ensemble simultanément, en présence de l'oxigène et de l'eau, les produits de ces métamorphoses seront l'urée, l'acide choléique, l'ammoniaque et l'acide carbonique, sans aucun autre corps.*

En effet, les éléments de

5 at. de protéine 15 — de fécule 12 — d'eau 5 — d'oxigène.	équivalent à	9 at. d'acide choléique. 9 — d'urée. 60 — d'acide carbonique. 6 — d'ammoniaque.

Car on a :

5 at. de protéine.	$=5\ (C_{48}\ N_{12}\ H_{72}\ O_{14})$	$=$	$C_{240}\ N_{60}$	$H_{360}\ O_{70}$
15 — de fécule.	$=15\ (C_{12}\ H_{20}\ O_{10})$	$=$	C_{180}	$H_{300}\ O_{150}$
12 — d'eau.	$=12\ (H_2\ O)$	$=$		$H_{24}\ O_{12}$
5 — d'oxigène.	$=5\ (O)$	$=$		O_5

Total. . . $C_{420}\ N_{60}\ H_{684}\ O_{237}=$

=	9 at. d'ac. choléique.	= 9$(C_{38}N_{2}H_{66}O_{11})$	= $C_{342}N_{18}H_{594}O_{99}$
	9 — d'urée.	= 9$(C_{2}\ N_{4}H_{8}\ O_{2})$	= $C_{18}\ N_{36}H_{72}\ O_{18}$
	60 — d'ac. carboniq.	= 60$(C\ \ O_{2})$	= $C_{60}\ \ O_{120}$
	6 — d'ammoniaq.	= 6$(\ N_{2}H_{6}\ )$	= $N_{6}H_{18}$
		Total. . .	$C_{420}N_{60}H_{684}O_{237}$

La mutation des combinaisons protéiques contenues dans le corps des animaux s'opère par l'action de l'oxigène amené aux tissus par le sang artériel. La fixation, par les nouveaux produits, des éléments de la fécule, devenue soluble dans l'estomac et répandue dans toutes les parties de l'organisme, donne naissance aux principes essentiels des sécrétions et des excrétions animales, savoir : à l'acide carbonique rejeté par le poumon ; à l'urée et au carbonate d'ammoniaque évacués par les reins ; à l'acide choléique sécrété par le foie.

On voit donc que l'opinion d'après laquelle le carbone des aliments non azotés deviendrait partie intégrante de la bile, se trouve entièrement appuyée par la composition chimique des substances capables de prendre part à la mutation des tissus.

98. La graisse disparaît dans l'organisme par l'effet d'une absorption suffisante d'oxigène ; lorsque cette absorption est faible, l'acide choléique peut se transformer en acide hippurique, acide lithofellique et eau. L'acide lithofellique constitue la partie essentielle de certains bézoards qu'on rencontre dans quelques herbivores (*Doc.* XXXVII).

$$\left.\begin{array}{ll}\text{2 at. d'ac. choléiq.} & C_{76}N_4H_{132}O_{22} \\ \text{10 — d'oxigène.} & O_{10}\end{array}\right\} = \left\{\begin{array}{ll}\text{2 at. d'ac. hippur.} & C_{36}N_4H_{32}\,O_{10} \\ \text{1 - d'ac. lithofelliq.} & C_{40}\quad H_{72}\,O_8 \\ \text{14 — d'eau.} & H_{28}\,O_{14}\end{array}\right.$$

$$C_{76}N_4H_{132}O_{32} \qquad C_{76}N_4H_{132}O_{32}$$

99. La production de la bile exige, dans toutes les circonstances, une certaine quantité de soude; il ne peut pas se former de bile sans la présence d'une combinaison à base de soude. Lorsque cet alcali manque, la mutation des combinaisons protéiques n'engendrera que de la graisse et de l'urée.

Prenons la formule empirique de la graisse, elle est représentée par $C_{11}\ H_{20}\ O$; en ajoutant aux éléments de la protéine les éléments de l'eau, ainsi que de l'oxigène, nous aurons les éléments de la graisse, de l'acide carbonique et de l'urée :

Protéine — Eau — Oxigène

$$2\,(C_{48}\,N_{12}\,H_{72}\,O_{14}) + 12\,H_2\,O + 14\,O = C_{96}\,N_{24}\,H_{168}\,O_{54} =$$

$$=\left\{\begin{array}{ll}\text{6 at. d'urée.} & = C_{12}\,N_{24}\,H_{48}\,O_{12} \\ \text{graisse.} & = C_{66}\quad H_{120}\,O_6 \\ \text{18 at. d'ac. carbonique.} & = C_{18}\qquad O_{36}\end{array}\right.$$

$$C_{96}\,N_{24}\,H_{168}\,O_{54}$$

La composition de tous les corps gras se trouve placée entre les deux formules empiriques $C_{11}\ H_{20}\ O$ et $C_{12}\ H_{20}\ O$. En prenant pour base cette dernière, et en supposant que les éléments de la protéine (2 *Pr*) fixent 2 atomes d'oxigène et 12 atomes d'eau, on obtient 6 atomes d'urée, de la graisse ($C_{72}\,H_{120}\,O_6$) et 12 atomes d'acide carbonique.

Il est curieux de voir que l'absence du sel marin (combinaison fournissant la soude à l'économie) favorise précisément la formation de la graisse, et que l'on ne réussit pas à engraisser les bestiaux lorsqu'on ajoute à leurs aliments une grande quantité de sel marin, moins toutefois qu'il n'en faudrait pour déterminer des purgations.

100. C'est ici l'endroit de signaler ce fait, que les produits azotés de la métamorphose de la bile sont exactement représentés par la composition des principes de l'urine qui auraient fixé les éléments de l'eau :

$$\left.\begin{array}{ll}\text{1 at. d'ac. uriq.} = & C_{10}N_8H_8\,O_6\\ \text{1 — d'urée.} & C_2\,N_4H_8\,O_2\\ \text{22 — d'eau.} & H_{44}O_{22}\end{array}\right\}=\left\{\begin{array}{ll}\text{3 at. de taur.} & C_{12}N_6\,H_{42}O_{30}\\ \text{3 — d'ammon.} & N_6\,H_{18}\end{array}\right.$$

$$C_{12}N_{12}H_{60}O_{30} = C_{12}N_{12}H_{60}O_{30}$$

$$\left.\begin{array}{ll}\text{1 at. d'allant.} = & C_4\,N_4\,H_6\,\,O_3\\ \text{7 — d'eau.} & H_{14}\,O_7\end{array}\right\}=\left\{\begin{array}{ll}\text{1 at. de taurine.} & C_4\,N_2\,H_{14}\,O_{10}\\ \text{1 éq. d'ammon.} & N_2\,H_6\end{array}\right.$$

$$C_4\,N_4\,H_{20}\,O_{10} = C_4\,N_4\,H_{20}\,O_{10}$$

101. Un autre fait non moins important pour les métamorphoses de l'acide urique et des produits azotés de la métamorphose de la bile, c'est qu'en ajoutant les éléments de l'eau et de l'oxigène aux

éléments de l'acide urique, on obtient ceux de la taurine et de l'urée, ou bien aussi ceux de la taurine, de l'acide carbonique et de l'ammoniaque :

1 at. d'ac. uriq.	$C_{10}N_8H_8O_8$	=	2 at. de taurine.	$C_8N_4H_{28}O_{20}$
14 — d'eau.	$H_{28}O_{14}$		1 — d'urée.	$C_2N_4H_8O_2$
2 — d'oxigène	O_2			
				$C_{10}N_8H_{36}O_{22}$

	$C_{10}N_8H_{36}O_{22}$	=	2 at. de taurine.	$C_8N_4H_{28}O_{20}$
plus 2 at. d'eau.	H_4O_2		2 — d'ac. carb.	C_2O_4
			2 — d'ammon.	N_4H_{12}
	$C_{10}N_8H_{40}O_{24}$			$C_{10}N_8H_{40}O_{24}$

L'alloxane *, plus une certaine quantité d'eau, représente la composition de la taurine; celle-ci renferme les éléments de l'oxalate d'ammoniaque acide :

			Taurine.
1 at. d'alloxane.	$C_8N_4H_8O_{10}$	=	$2\ (C_4N_2H_{14}O_{10})$
10 — d'eau.	$H_{20}O_{10}$		

1 at. de taur.	$C_4N_2H_{14}O_{10}$	=	2 at. d'ac. oxaliq.	C_4O_6
			1 — d'ammoniaq.	N_2H_6
			4 — d'eau.	H_8O_4
				$C_4N_2H_{14}O_{10}$

* Il y aurait de l'intérêt à examiner l'action de l'alloxane sur l'économie; deux ou trois drachmes de cette substance administrées à l'état cristallisé à des lapins n'ont produit aucun effet nuisible. Chez l'homme, une forte dose de cette substance n'a paru influer que sur la sécrétion urinaire. Dans certaines maladies du foie, l'alloxane pourrait devenir un remède très puissant.

102. Lorsqu'on compare la proportion de carbone contenue dans la bile d'un herbivore avec celle de ses tissus ou de ses aliments azotés qui pourraient, par suite des métamorphoses vitales, se transformer en bile, on remarque à cet égard de grandes différences.

Le carbone de la bile est tout au moins cinq fois plus considérable que celui que les mutations des tissus ou les aliments azotés pourraient offrir au foie, et l'on est donc fondé à attribuer aussi aux aliments non azotés une certaine part dans la production de la bile; du reste, aucune expérience ne contredit ce point.

Nous avons montré précédemment comment la formation des principes azotés (l'ammoniaque et la taurine), provenant de la décomposition de la bile, peut se déduire de la composition des principes de l'urine (l'urée exceptée), savoir de celle de l'acide hippurique, de l'acide urique et de l'allantoïne; ces rapprochements prennent encore plus de consistance si l'on se rappelle que l'amidon peut se transformer en acide choloïdique en perdant simplement de l'oxigène et les éléments de l'eau, et que l'acide choléique peut être représenté par l'ammoniaque, la taurine et l'acide choloïdique. En effet :

6 at. d'amidon.	$= 6\,(C_{12}H_{20}O_{10}) =$	$C_{72}H_{120}O_{60}$
moins		
44 at. d'oxigène. } 4 — d'eau. }		$H_{8}\ O_{48}$
	acide choloïdique.	$C_{72}H_{112}O_{12}$

1 at. d'acide choloïdique.	$C_{72} \quad H_{112} O_{12}$
1 — de taurine.	$C_4 \; N_2 H_{14} \; O_{10}$
2 — d'ammoniaque.	$N_2 H_6$
acide choléique.	$C_{76} N_4 H_{132} O_{22}$

Les analyses chimiques sont d'accord avec les observations faites sur l'organisme vivant pour prouver qu'une certaine quantité du carbone des aliments non azotés (aliments de respiration) est sécrétée par le foie sous forme de bile, et que chez les herbivores les produits azotés des métamorphoses n'arrivent pas dans les reins, comme chez les carnivores, d'une manière directe et immédiate; ces substances, avant d'être rejetées par les voies urinaires, remplissent encore un rôle dans certains actes de l'économie, et surtout dans la formation de la bile. Elles arrivent dans le foie en même temps que les éléments des aliments non azotés; elles retournent dans l'organisme sous forme de bile, et enfin, après avoir servi à alimenter la respiration, elles sont évacuées par les reins.

L'urine étant abandonnée à elle-même, son urée se convertit en carbonate d'ammoniaque, en fixant simplement les éléments de l'eau.

1 at. d'urée.	$C_2 N_4 H_8 O_2$	=	2 at. d'ac. carb.	$C_2 \quad O_4$
2 — d'eau.	$H_4 O_2$		2 éq. d'ammon.	$N_4 H_{12}$
				$C_2 N_4 H_{12} O_4$

Si l'on parvenait à changer directement l'acide

urique ou l'allantoïne en taurine et en ammoniaque, cela serait certainement une preuve de plus en faveur de l'intervention de ces matières à la formation de la bile, mais le manque de réussite dans ce genre de décomposition, au moyen des réactifs dont nous pouvons disposer aujourd'hui, ne nous autorise nullement à nier cette intervention, d'autant plus que ni l'ammoniaque ni la taurine ne peuvent être considérés comme préexistant dans la bile.

En faisant agir l'acide hydrochlorique sur la bile, nous forçons pour ainsi dire ses éléments à se grouper sous des formes qui résistent à l'action de cet acide; lorsque nous remplaçons ce dernier par de la potasse, celle-ci détermine une transformation analogue, seulement les produits prennent à leur tour une forme entièrement différente. Si la taurine préexistait réellement dans la bile, les acides et les alcalis devraient donner naissance aux mêmes produits, mais l'expérience prouve tout le contraire.

Ainsi, lors même que nous pourrions transformer l'allantoïne ou l'acide urique et l'urée en taurine et en ammoniaque, cela n'éclaircirait pas davantage la métamorphose, par la raison que la préexistence de l'ammoniaque et de la taurine dans la bile doit être révoquée en doute, et qu'aucun fait ne nous autorise à admettre l'emploi, par l'organisme, de l'urée comme urée et de l'allantoïne comme allantoïne dans la formation de la bile. L'expérience démontre simplement le concours des éléments de ces substances, sans nous faire connaître la forme sous laquelle il a lieu, ni les caractères chimiques de la combinaison azotée qui s'unit avec les éléments de l'amidon pour produire de la bile ou plutôt de l'acide choléique.

L'acide choléique peut résulter des éléments de l'amidon, de l'acide urique et de l'urée, ou de l'allantoïne, ou de l'alloxane, ou de l'acide oxalique et de l'ammoniaque, ou enfin de l'acide hippurique. Les formes différentes de ces combinaisons azotées démontrent bien que tous les produits azotés des métamorphoses de l'organisme sont propres à la formation de la bile, sans nous dire toutefois de quelle manière leur coopération s'effectue.

On peut, en traitant l'allantoïne par un alcali caustique, la décomposer en acide oxalique et en ammoniaque; ces produits s'obtiennent aussi par l'oxamide, et cependant la similitude des deux transformations est loin d'entraîner l'identité de constitution de l'allantoïne et de l'oxamide. Par la même raison, la nature des produits obtenus par l'action des acides minéraux sur l'acide choléique n'autorise de notre part aucune induction sur le groupement moléculaire de ce dernier.

La tâche de la chimie organique consiste non seulement à étudier les transformations éprouvées par les substances alimentaires dans l'économie, mais elle doit aussi s'appliquer à reconnaître la nature des éléments fixés ou éliminés par les nouveaux produits; toutefois elle n'est pas tenue de fournir des preuves synthétiques, car tous les actes de l'économie sont subordonnés à une activité immatérielle dont le chimiste ne peut pas disposer à son gré.

C'est en observant les phénomènes qui accompagnent les métamorphoses des aliments dans l'organisme, en examinant le rôle de l'atmosphère et des éléments de l'eau dans ces transformations, qu'on arrivera peu à peu à la connaissance des conditions nécessaires à la production des sécrétions et des organes.

CHAPITRE V.

SÉCRÉTION BILIAIRE.

103. La présence de l'acide hydrochlorique libre dans l'estomac, ainsi que de la soude dans le sang, met entièrement hors de doute la nécessité du rôle rempli par le sel marin dans l'économie animale.

La quantité de soude exigée par les diverses classes animales, pour l'entretien de la vie, est extrêmement variable.

Considérons une certaine quantité de sang qui se transforme dans le corps d'un carnivore, par suite de la métamorphose de ses tissus en bile, c'est-à-dire en une nouvelle combinaison de soude. Dans l'état de santé, la soude contenue dans le sang suffit évidemment pour former de la bile avec les produits de la mutation des tissus. Le superflu de la soude, employée dans le travail vital, est alors séparé du sang par l'action des reins et doit être évacué sous la forme d'un sel.

Or, s'il est vrai que les herbivores sécrètent bien plus de bile qu'il n'en correspond à la quantité de sang produit ou transmuté, et que la plus grande partie de la bile de ces animaux provient de certaines parties de leurs aliments, la soude du sang assimilé ou devenu tissu est évidemment insuffisante par rapport à celle qu'exige la formation journalière de la bile. Cet alcali doit conséquemment, pour les herbivores, être fourni directement par les aliments ; l'organisme de ces animaux doit donc avoir la faculté de faire servir à la production de la bile toutes les combinaisons de soude renfermées dans les substances alimentaires.

Il est clair que toute la soude contenue dans l'organisme animal provient des aliments ; mais les aliments des carnivores n'en renferment tout au plus que la quantité nécessaire à la sanguification, et l'on peut admettre, pour le plus grand nombre des cas, que ces animaux n'en évacuent par les urines qu'une quantité correspondante à la quantité employée pour faire du sang. Lorsque les carnivores ingèrent une quantité de soude qui suffit à la formation de ce fluide, ils en rendent une quantité égale par les urines ; lorsqu'ils en consomment moins, leur organisme retient une partie des sels de soude destinés d'abord à l'évacuation.

La composition de l'urine rendue par les différentes classes animales fournit à cet égard les preuves les plus positives.

Le produit ultime de la métamorphose des combinaisons sodiques se retrouve dans l'urine à l'état de sel pour la soude et à l'état d'urée ou d'ammoniaque pour l'azote de ces combinaisons.

La soude contenue dans l'urine des carnivores est

unie à l'acide phosphorique et à l'acide sulfurique; les sels de cette base sont toujours accompagnés d'une certaine quantité d'un sel ammoniacal, d'hydrochlorate ou de phosphate d'ammoniaque. La présence de ces sels ammoniacaux dans l'urine des carnivores démontre évidemment l'insuffisance de la soude renfermée dans la bile ou dans les parties provenant des métamorphoses des principes du sang pour la neutralisation des acides rejetés par l'économie; aussi l'urine de ces animaux offre-t-elle une réaction acide.

D'un autre côté, l'urine des herbivores contient une bien plus forte proportion de soude et non pas en combinaison avec l'acide sulfurique ou phosphorique, mais avec l'acide carbonique, benzoïque ou hippurique. Cela indique que les herbivores consomment bien plus de soude qu'il n'en est besoin pour la production journalière de leur sang; ils trouvent dans leurs aliments la réunion de toutes les conditions nécessaires à la formation d'une combinaison de soude autre que le sang et qui est destinée à la respiration. On apprécierait très peu la haute sagesse de la nature en considérant comme fortuite cette forte proportion de soude dans les aliments et dans les urines des herbivores; elle n'est pas plus l'effet du hasard que ne l'est, par exemple, le développement de certaines plantes dans un terrain qui leur fournit les alcalis nécessaires. Ces plantes nourrissent toute une classe animale dont les fonctions organiques sont intimement liées à la présence de la soude et à la potasse. Ces alcalis se retrouvent, soit dans la bile, comme nous venons de le dire, soit aussi dans le lait; car ce liquide qui fournit au jeune animal les premières substances d'alimentation renferme toujours une certaine quantité de potasse.

Disons donc, pour nous résumer, que certains principes non-azotés (fécule, gomme, sucre, etc.) contenus dans la nourriture des herbivores reçoivent dans l'économie la forme d'une combinaison de soude qui sert au même usage que la bile, produit le plus carboné de la mutation des tissus dans le corps des carnivores. Ces principes sont destinés à l'entretien de certains actes vitaux et servent finalement à produire de la chaleur, ainsi qu'à protéger l'organisme contre les altérations occasionnés par l'atmosphère. Chez les carnivores la rapidité des mutations est une des conditions de leur existence, par la raison que les matières destinées à la combinaison avec l'oxigène atmosphérique ne se produisent qu'à la suite de ces métamorphoses. On peut donc dire, d'après cela, que les aliments non azotés entravent ou ralentissent les mutations, puisque par leur présence même ils en rendent l'accélération moins urgente.

104. Cette faculté que possèdent les aliments non azotés de servir de substances respiratoires, se lie d'une manière intime aux proportions comparativement si faibles des aliments azotés exigés pour l'entretien du travail vital. Peut-être aussi serait-il permis d'affirmer que la complexité des organes digestifs

chez les herbivores est la conséquence de la difficulté qu'ils éprouvent à rendre certains principes non azotés solubles et aptes au travail vital plutôt qu'à transformer la fibrine, l'albumine et la caséine végétales en principes du sang; car nous voyons les appareils moins compliqués des carnivores suffire entièrement à cette dernière fonction.

Si l'amidon, dans le corps de l'homme, habitué à une nourriture mixte, remplit le même rôle que chez les herbivores ou les granivores; si ses éléments prennent une part directe dans la formation de la bile, il s'ensuit naturellement qu'une partie des produits azotés des mutations, avant d'être sécrétée par la vessie, retourne comme bile dans le torrent de la circulation et n'est séparée du sang par les reins que comme produit ultime de l'acte respiratoire.

Lorsque les principes azotés manquent dans la nourriture offerte à l'homme, la production de la bile ne peut pas s'effectuer sous cette forme; alors les sécrétions changent de nature. On peut s'expliquer ainsi la présence de l'acide urique dans les urines de certains malades; la formation des concrétions du même acide dans les articulations et dans la vessie; l'influence d'une nourriture exclusivement animale, ou, ce qui revient au même, de l'abstinence des aliments amilacés, sur la production des calculs, etc. Dans le cas d'un manque de fécule ou de sucre, les combinaisons azotées résultant des mutations persistent en partie à la place où elles se sont formées. Le foie ne les relance pas dans l'organisme pour les faire servir à la respiration; elles n'éprouvent pas de la part de l'oxigène les métamorphoses ultimes qu'elles sont capables de subir dans les circonstances normales, et alors les reins les sécrètent sous ces formes toutes particulières.

105. Nous avons essayé dans les chapitres précédents de démontrer que les aliments non azotés exercent une influence bien marquée sur la nature des sécrétions animales; des observations précises et faites avec soin pourront seules nous dire si cette influence est indirecte ou si leurs éléments prennent une part immédiate à la mutation des tissus. Il est possible que les aliments non azotés, modifiés d'une manière ou de l'autre, arrivent directement des intestins au foie, et là, confondus avec les produits des tissus métamorphosés, coopèrent avec eux à la production de la bile et n'accomplissent leur tâche que de cette manière.

Cette hypothèse devient encore plus probable si l'on se rappelle qu'on n'a encore jamais trouvé aucune trace d'amidon ni de sucre dans le sang artériel, pas même chez des animaux exclusivement nourris avec ces substances. L'apparition du sucre dans l'urine des diabétiques, c'est-à-dire l'apparition d'une substance non azotée qui, comme cela semble résulter de toutes les observations, provient des aliments; l'absence complète du même sucre dans le sang de ces malades, tous ces faits prouvent évidemment que ni le sucre ni la fécule ne sont, comme tels, versés dans la circulation du sang; on ne saurait donc leur attribuer aucune part directe dans le travail nutritif.

On trouve dans les écrits des physiologistes beaucoup de faits tendant à prouver la présence de certains principes de la bile dans le sang de l'homme sain ; toutefois leur quantité ne peut guère s'évaluer d'une manière exacte. Admettons, par exemple, que 5 kilogrammes de sang traversent le foie par minute, et que deux gouttes (à 150 milligr. la goutte) de ce sang sont sécrétées à l'état de bile, cela ne fait que $\frac{1}{9600}$ du poids total du sang; or, cette quantité est trop minime pour être exactement déterminée.

106. D'après ce qui précède, la plus grande partie de la bile des granivores et des herbivores, ainsi que de l'homme habitué à une nourriture mixte, résulte des principes non azotés renfermés dans les aliments; mais sa formation ne peut pas avoir lieu sans le concours d'un corps azoté, car la bile est une combinaison azotée. Toutes les espèces de bile donnent, par la distillation sèche, de l'ammoniaque et d'autres produits azotés ; on a obtenu, avec la bile de bœuf, de la taurine et de l'ammoniaque, et si de semblables expériences n'ont pas encore été faites sur la bile d'autres animaux, c'est parce qu'il est difficile de s'en procurer en quantité suffisante pour les recherches.

Peu importe que la substance azotée qui, concurremment avec les éléments de la fécule, produit la bile, provienne des aliments ou de la substance des tissus métamorphosés, cela ne modifie nullement les conditions que nous venons d'établir pour la sécrétion biliaire.

Puisque les herbivores et les granivores ne prennent, dans leur nourriture, que des substances azotées identiques aux principes de leur sang, le principe azoté qui compose la bile dérive évidemment d'une combinaison protéique; ce principe provient alors ou bien des combinaisons de protéine déjà renfermées dans les aliments, ou bien du sang, ou bien aussi de la substance des tissus métamorphosés.

S'il est vrai que les combinaisons azotées, tirant leur origine du sang ou des aliments azotés, prennent une part définie à la formation des sécrétions animales et surtout de la bile, il s'en suit nécessairement que l'organisme doit posséder la faculté de faire servir à des actes vitaux particuliers certaines matières étrangères dépourvues d'organisation; toutes les substances azotées, capables de se dissoudre, amenées au sang ou aux organes digestifs, doivent donc, si leur composition les rend propres à ce but, être employées par l'économie à peu près comme les produits azotés résultant de la mutation des tissus.

CHAPITRE VI.

INFLUENCE DES MÉDICAMENTS ET DES POISONS SUR LES MÉTAMORPHOSES.

107. Une foule de matières exercent une action bien déterminée sur la métamorphose des tissus, ainsi que sur la nutrition, sans que leurs éléments prennent part aux nouvelles transformations; cet effet est produit par des matières se trouvant déjà elles-mêmes dans un état de décomposition qui se communique alors aux parties de l'organisme, capables de subir des transformations analogues.

Une autre classe fort nombreuse comprend les substances médicamenteuses et les poisons; ces corps ont la propriété d'influencer le travail des sécrétions ou les métamorphoses des tissus d'une manière directe ou indirecte, et par la nature seule de leurs éléments.

On peut établir pour eux trois subdivisions : l'une, dans laquelle il faut ranger les poisons métalliques, renferme les substances qui agissent chimiquement, en se combinant avec certaines parties du corps; l'autre, contenant les huiles essentielles, le camphre, les matières empyreumatiques, antiseptiques, etc., possède la propriété de ralentir ou d'entraver les métamorphoses éprouvées par les molécules organiques complexes dans certaines décompositions, auxquelles on a donné le nom de *fermentations* ou de *putréfactions*, lorsqu'elles s'accomplissent en dehors de l'organisme. Enfin, la troisième espèce de médicaments prend une part directe aux actes de l'économie par la nature de leurs éléments; introduits dans le corps, ils augmentent ou exaltent l'activité d'un ou de plusieurs organes et déterminent des affections morbides dans le corps sain; tous exercent même en légère dose une action fort énergique, et beaucoup d'entre eux, pris en plus grande quantité, se comportent comme poisons.

On ne saurait admettre que ces substances jouent un rôle défini dans la nutrition ou dans la production du sang, soit parce que leur composition diffère de celle des principes constituant ce liquide, soit parce que la dose, à laquelle elles agissent, est fort minime comparativement à la masse du sang.

Ingérées dans la circulation, ces substances modifient, comme on dit ordinairement, la *qualité* du sang, et puisqu'elles conservent toute leur efficacité, en arrivant de l'estomac dans les vaisseaux sanguins, il faut nécessairement supposer que l'activité organique de l'estomac ne modifie pas la composition de ces substances ; elles y deviennent simplement solubles, elles sont digérées, sans être détruites, car autrement elles ne pourraient plus avoir d'action.

108. Dans l'état de santé normale, le sang pos-

sède deux qualités qui ont entre elles une connexion fort intime ; néanmoins on peut se les représenter comme entièrement indépendantes l'une de l'autre.

Les globules sanguins transportent par toute l'économie l'oxigène nécessaire à la production de certaines parties de l'organisme, ainsi que de la chaleur animale ; ils déterminent en général la métamorphose des tissus par la faculté qu'ils possèdent de céder l'oxigène absorbé dans le poumon, sans sacrifier leur individualité. C'est ce qui constitue la première qualité du sang.

L'autre qualité de ce liquide consiste dans sa faculté de devenir partie intégrante des organes, d'être par conséquent propre à l'accroissement des organes, ainsi qu'à la restitution des substances consommées par l'économie ; le sang doit cette qualité principalement à la fibrine et à l'albumine qu'il renferme en dissolution. Ces deux principes essentiels, destinés à la nutrition et à la reproduction, se saturent, en traversant le poumon, d'assez d'oxigène pour ne pas avoir besoin d'en emprunter aux autres matières contenues dans le sang.

On sait d'une manière positive que les globules du sang veineux changent de couleur dans le poumon, au contact de l'atmosphère, et que ce changement de teinte est accompagné d'une absorption d'oxigène ; tous les principes du sang, capables de se combiner, se saturent ainsi de ce gaz dans le poumon. Les globules conservent leur couleur écarlate jusque dans les ramifications les plus ténues des artères; ce n'est qu'en traversant les vaisseaux capillaires qu'ils acquièrent la teinte foncée qui les caractérise dans le sang veineux. Ces faits nous permettent de conclure que les principes du sang artériel manquent entièrement de la faculté de s'approprier l'oxigène absorbé dans l'air par les globules circulant dans ce liquide, et comme le changement de couleur ne s'observe que dans les capillaires, cela prouve que les globules du sang artériel retournent, pendant leur passage dans ces vaisseaux, à l'état qu'ils possèdent dans le sang veineux, qu'ils cèdent par conséquent l'oxigène puisé dans le poumon et acquièrent ainsi de nouveau la propriété de se combiner avec l'oxigène.

De là résulte que, dans le sang artériel, on trouve de l'albumine qui, comme tous les autres principes, s'est saturé d'oxigène en traversant le poumon, et du gaz oxigène que les globules viennent offrir en combinaison chimique à toutes les parties du corps. Toutes les observations (par exemple celles qu'on a faites sur l'incubation des œufs) tendent à prouver que ce sont là les conditions nécessaires à la production de tous les tissus. La partie de l'oxigène qui n'est pas employée à la reproduction des organes, se combine avec la substance des parties vivantes, et détermine ainsi, en se fixant sur leurs éléments, cet acte que nous avons désigné sous le nom de *mutation* ou de *métamorphose* des tissus.

109. Il est évident que toutes les substances ren-

fermées dans les capillaires ou introduites dans ces vaisseaux par un effet d'endosmose ou d'imbibition, doivent, au contact des globules qui transportent l'oxigène, se comporter comme les parties vivantes de l'organisme, à moins d'être complétement privées de la faculté de se combiner avec l'oxigène; ces substances ou leurs éléments entreront alors en combinaison avec cet oxigène; dans ce cas il n'y aura pas de mutations de tissus, ou du moins elles s'opèreront sous une autre forme, en donnant des produits d'une autre espèce.

La modification des deux qualités du sang par l'effet d'une substance étrangère (par exemple d'un médicament), contenue dans ce liquide ou absorbé par lui, suppose donc l'accomplissement de deux genres d'action.

Si le médicament n'est pas susceptible d'entrer en combinaison chimique avec les principes du sang, de manière à arrêter l'activité vitale; si, d'un autre côté, il ne se trouve pas déjà lui-même dans un état de décomposition qui puisse se communiquer aux principes du sang ou des organes; si enfin il est incapable, par son contact avec les parties vivantes, d'empêcher leurs métamorphoses, l'action de ce médicament ne peut s'expliquer qu'en admettant que ses éléments prennent part à la production de certaines parties ou sécrétions de l'organisme.

109. Nous avons examiné, dans les pages précédentes, les relations chimiques que présente le travail

des sécrétions. On a tout lieu de croire que chez les carnivores la bile et les principes de l'urine naissent aux endroits mêmes où s'effectuent les mutations et sans l'intervention de corps venus du dehors; quant aux autres classes animales, il est à supposer que ces sécrétions s'effectuent avec le concours de substances étrangères offertes aux organes sécréteurs; chez les herbivores, par exemple, elles résultent des éléments de la fécule et de ceux d'un produit azoté provenant des mutations. Cette théorie n'exclut pas, du reste, l'opinion que, chez les carnivores, les produits des tissus métamorphosés ne se scindent que dans les organes sécréteurs en bile, en acide urique ou en urée, ou que les éléments des aliments non azotés, directement offerts aux parties de l'organisme où s'accomplissent les mutations, se réunissent avec les éléments des tissus métamorphosés pour produire l'urine et la bile.

Si l'on suppose maintenant que certains médicaments peuvent devenir parties intégrantes des sécrétions, cela ne peut s'effectuer que de deux manières : ou ils sont entraînés dans la circulation et prennent directement part aux métamorphoses, en tant que leurs éléments rentrent dans la composition des nouveaux produits; ou ils sont offerts aux organes sécréteurs, et alors ils influencent la nature ou la formation des sécrétions en y fixant leurs propres éléments.

Dans les deux cas, les médicaments, ingérés dans l'organisme, y doivent sacrifier leur caractère chimique ; et en effet ils y disparaissent sans laisser aucune trace. Lorsqu'ils produisent de l'effet, ce n'est pas dans l'estomac qu'ils perdent leur individualité, la digestion ne les détruit pas ; mais puisque néanmoins ils disparaissent, ils doivent nécessairement être employés à un certain but, ce qui n'est pas possible sans entraîner un changement dans leur composition.

Bien que l'on connaisse peu la composition des sécrétions, sauf cependant celle de la bile, on sait du moins positivement qu'elles renferment toutes de l'azote en combinaison chimique ; elles entrent en fermentation putride et fournissent alors, ainsi que par la distillation sèche, des produits ammoniacaux. La salive même, traitée par l'hydrate de potasse, dégage beaucoup d'ammoniaque.

110. En prenant pour base la composition des médicaments, on peut les distinguer en deux classes, savoir en médicaments azotés et en médicaments non azotés.

Parmi les substances dont l'effet médicamenteux est surtout remarquable, il faut surtout ranger les principes végétaux azotés dont la composition diffère des principes alimentaires azotés, également produits dans la végétation.

L'effet de ces substances est extrêmement variable, tantôt faible comme celui de l'aloès, tantôt excessivement vénéneux et mortel comme celui de la strychnine.

Toutes, sauf trois d'entre elles, provoquent dans l'organisme des affections morbides et agissent, en certaines doses, comme poisons; la plupart d'entre elles possèdent le caractère chimique des alcalis.

Aucun médicament non azoté, pris à dose égale, n'exerce une action toxique*.

L'action médicamenteuse ou toxique des substances azotées se trouve dans une relation bien intime avec leur composition, et surtout avec l'azote qu'elles renferment, sans toutefois dépendre directement de la proportion de cet élément.

La solanine et la picrotoxine (*Doc.* XXXVIII et XXXIX) ne renferment que fort peu d'azote et constituent néanmoins des poisons violents; la quinine (*Doc.* XL) renferme plus d'azote que la morphine (*Doc.* XLI); la caféine et la théobromine (*Doc.* XLI et XLIII), deux des substances les plus azotées que l'on connaisse, ne sont pas vénéneuses.

111. Une substance azotée qui agit en vertu de ses éléments sur la formation ou sur la nature d'une sécrétion, doit pouvoir se charger du rôle chimique rempli par les produits azotés de l'économie dans la production de la bile. De même, un médicament exempt d'azote, lorsqu'il influence les sécrétions, doit

* Ces considérations ont occasionné dans mon laboratoire une étude plus complète de la picrotoxine, et M. Francis y a en effet découvert une certaine proportion d'azote qui avait échappé jusqu'à présent à l'analyse des chimistes.

se comporter dans l'économie comme le feraient les aliments non azotés.

Si nous admettons par conséquent que les éléments de l'acide hippurique ou de l'acide urique dérivent des parties organisées, et que ces corps, quoique privés de vie, puisqu'ils résultent de la mutation des tissus, n'ont pas perdu pour cela la faculté d'éprouver des altérations de la part de l'oxigène introduit dans l'économie par la respiration, et de la part des appareils sécréteurs, il ne peut plus y avoir de doute que des combinaisons azotées analogues produites dans la végétation, ne puissent, en arrivant dans l'organisme, trouver le même emploi que les produits azotés des mutations elles-mêmes; de même, si l'acide hippurique, l'acide urique, ou un de leurs éléments est capable de prendre part à la production de la bile, il faut attribuer un pouvoir semblable à d'autres substances azotées.

On ne s'expliquera jamais comment les hommes ont eu pour la première fois l'idée de s'administrer l'infusion des feuilles de certains arbrisseaux ou la décoction de certaines graines torréfiées; on ignore comment cet usage est devenu d'un besoin si général pour des nations entières. Mais il est certainement encore plus curieux de voir que les effets bienfaisants du café et du thé doivent être attribués à une seule et même matière, bien que ces deux plantes appartiennent à des familles et même à des parties du monde entièrement différentes.

Il est fort remarquable aussi que les Indiens carnivores aient trouvé dans la fumée de tabac un moyen de ralentir les métamorphoses de l'organisme, de manière à rendre la faim plus supportable, et qu'ils trouvent tant d'attraits dans l'usage de l'eau-de-vie, qui fonctionne dans leur corps comme aliment respiratoire et se charge ainsi du rôle des tissus métamorphosés. L'usage du thé et du café ne s'est rencontré primitivement que chez les nations vivant de préférence d'une nourriture végétale.

112. Sans vouloir discuter ici les vertus médicinales de la théine et de la caféine, nous nous bornerons à signaler ce fait, fort surprenant sans doute, que la théine et la caféine peuvent se transformer en taurine, principe azoté de la bile, en fixant simplement de l'oxigène, ainsi que les éléments de l'eau.

1 at. de caféine ou de théine.	$C_8\ N_4\ H_{10}\ O_2$
9 — d'eau.	$H_{18}\ O_9$
9 — d'oxigène.	O_9
2 — de taurine.	$2\ (C_4\ N_2\ H_{14}\ O_{10})$

Des rapports semblables s'observent pour l'asparigine, principe des asperges et de la guimauve ; elle peut aussi donner de la taurine en s'assimilant de l'oxigène et de l'eau :

1 at. d'asparagine.	$C_8\ N_4\ H_{16}\ O_6$
6 — d'eau.	$H_{12}\ O_6$
8 — d'oxigène.	O_8
2 — de taurine.	$2\ (C_4\ N_2\ H_{14}\ O_{10})$

En ajoutant les éléments de l'eau et une certaine quantité d'oxigène aux éléments de la théobromine, principe cristallisé des semences de cacao, on obtient de l'urée et de la taurine, où de l'acide urique, de la taurine et de l'eau.

$$\left.\begin{array}{ll}\text{1 at. de théobrom.} & C_{18}N_{12}H_{20}O_{4} \\ \text{22 — d'eau.} & H_{44}O_{22} \\ \text{16 — d'oxigène.} & O_{16}\end{array}\right\} = \left\{\begin{array}{ll}\text{4 at. de taur.} & C_{16}N_{8}H_{56}O_{40} \\ \text{1 — d'urée.} & C_{2}N_{4}H_{8}O_{2}\end{array}\right.$$

$$C_{18}N_{12}H_{64}O_{42} \qquad\qquad C_{18}N_{12}H_{64}O_{42}$$

$$\left.\begin{array}{ll}\text{1 at. de théobrom.} & C_{18}N_{12}H_{20}O_{4} \\ \text{24 — d'eau.} & H_{48}O_{24} \\ \text{16 — d'oxigène.} & O_{16}\end{array}\right\} = \left\{\begin{array}{ll}\text{4 at. de taur.} & C_{16}N_{8}H_{56}O_{40} \\ \text{2 — d'ac. carb.} & C_{2}O_{4} \\ \text{2 — d'ammon.} & N_{4}H_{12}\end{array}\right.$$

$$C_{18}N_{12}H_{68}O_{44} \qquad\qquad C_{18}N_{12}H_{68}O_{44}$$

ou bien :

$$\left.\begin{array}{ll}\text{1 at. de théobrom.} & C_{18}N_{12}H_{20}O_{4} \\ \text{8 — d'eau.} & H_{16}O_{8} \\ \text{14 — d'oxigène.} & O_{14}\end{array}\right\} = \left\{\begin{array}{ll}\text{2 at. de taur.} & C_{8}N_{4}H_{28}O_{20} \\ \text{1 — d'ac. uriq.} & C_{10}N_{8}H_{8}O_{6}\end{array}\right.$$

$$C_{18}N_{12}H_{36}O_{26} \qquad\qquad C_{18}N_{12}H_{36}O_{26}$$

Pour se rendre compte de l'action sur l'économie, de la caféine, de l'asparagine, etc., il faut se rappeler que le principe essentiel de la bile ne renferme que 5, 8 p. c. d'azote, dont la moitié seulement revient à la taurine, savoir : 1, 9 p. c.

La bile renferme, à l'état naturel, 80 parties d'eau et 10 p. de substance solide. Admettons que ces dix parties sont de l'acide choléique avec 3, 87 p. c. d'azote, cela fera pour 100 parties de bile à l'état naturel, 0, 171 parties d'azote qui se retrouvent dans la taurine. Or cette quantité d'azote est contenue dans 0, 6 caféine, ce qui revient à dire que 140 milligrammes de caféine peuvent offrir, sous forme de taurine, l'azote de 31 milligrammes de bile, et lors même qu'une décoction de thé ne contiendrait que 5 centigrammes (un grain) de théine, on voit que si ce principe contribue réellement à la production de la bile, son effet ne peut être considéré comme nul. D'après cela, il est évident qu'en présence d'un excès d'aliments non azotés et à défaut du mouvement nécessaire pour favoriser les mutations et fournir ainsi la combinaison azotée d'où devrait se former la bile, il peut être fort salutaire de consommer des substances capables de se charger du rôle de la substance azotée indispensable à la respiration et produite, dans les circonstances normales, par l'économie elle-même. On peut dire que, sous le rapport chimique, la théine, la caféine, la théobromine et l'asparagine se prêtent à cet emploi mieux que toutes les autres substances végétales d'une semblable composition. Bien que leur effet ne paraisse pas fort tranché, on ne saurait toutefois le nier.

115. Pour ce qui est des autres principes végétaux azotés, tels que la quinine, les alcalis de l'opium, etc.,

leur action ne modifie pas précisément les sécrétions, mais elle se manifeste par d'autres phénomènes; les physiologistes et les pathologistes s'accordent à dire que ces substances affectent particulièrement les nerfs et le cerveau ; leur influence est, comme on dit, dynamique, c'est-à-dire qu'elle accélère, ralentit ou modifie d'une certaine manière les phénomènes de mouvement dans la vie animale. Si l'on considère maintenant que cet effet se produit par des substances matérielles et pondérables qui disparaissent dans l'organisme ; qu'une portion double agit plus fort qu'une dose simple ; qu'il faut au bout de quelque temps administrer une nouvelle dose, si l'on veut réitérer l'effet, il n'y a qu'une manière de l'expliquer, c'est d'admettre que les éléments de ces substances prennent une part chimique dans la formation ou dans la mutation de la substance des nerfs et du cerveau.

Quelque singulière que paraisse au premier abord cette idée que les principes de l'opium ou du quinquina (les éléments de la codéine, de la morphine, de la quinine, etc.) puissent devenir parties intégrantes des nerfs et du cerveau, c'est-à-dire s'identifier avec les mobiles de la vie intellectuelle, de la conscience, de la sensibilité, il n'en est pas moins positif que toutes ces facultés sont intimement liées à l'existence et à la composition de la substance du cerveau et de la moelle épinière, de telle sorte que toutes les manifestations vitales de ces substances prennent une autre direction dès que leur composition vient à changer. L'économie animale prépare la substance cérébrale et nerveuse au moyen des matières offertes par les plantes; ce sont les principes renfermés dans les aliments qui, pour les produire, parcourent une série de métamorphoses.

Or, s'il est vrai que la substance cérébrale naît des éléments de la fibrine, de l'albumine et de la caséine végétales, seules ou avec le concours des aliments non azotés ou de la graisse produite par ceux-ci, on ne peut pas taxer d'absurde l'hypothèse qui admet que d'autres principes végétaux, placés sous le rapport de la composition entre les corps gras et les combinaisons protéiques, peuvent servir dans l'économie à des usages semblables.

114. Les recherches de M. Frémy démontrent que le principe essentiel de la graisse cérébrale constitue une combinaison de la soude et d'un acide particulier, l'*acide cérébrique,* renfermant en centièmes :

Carbone	66,7
Hydrogène	10,6
Azote	2,5
Phosphore	0,9
Oxigène	19,5.

Il est aisé de remarquer que cette composition diffère entièrement de celle des corps gras et des principes azotés du sang, car les premiers sont exempts d'azote, et les combinaisons protéiques renferment près de 17 pour cent d'azote. Abstraction faite du phosphore (ou peut-être de l'acide phosphorique), on pourrait comparer la composition de la substance cérébrale à celle de l'acide choléique, bien qu'on ne puisse toutefois confondre ces deux substances.

Dans tous les cas, la substance des nerfs et du cerveau se produit de la même manière que la bile, soit par l'intermédiaire d'une matière azotée séparée des principes du sang, soit par la réunion d'un produit azoté de l'économie et d'un corps exempt d'azote, gras peut-être. Tout ce que nous avons dit précédemment sur le mode de production de la bile et sur la coopération, dans cet acte, des matières alimentaires azotées et non azotées, tout cela peut s'appliquer avec autant de raison à la production de la substance des nerfs et du cerveau.

De quelque manière que l'on considère les phénomènes vitaux, il ne faut pas perdre de vue que la formation de cette substance par le sang entraîne nécessairement un changement dans la composition et dans la qualité des principes sanguins ; la nécessité de ce changement est aussi positive, aussi réelle que l'est l'existence elle-même de la substance cérébrale. En partant de ce point de vue il faut donc admettre qu'une combinaison protéique donne naissance à un premier, à un second, à un troisième produit, avant que ses éléments deviennent parties intégrantes de la substance cérébrale, et il est certain qu'une substance végétale offerte au sang, pourra se charger du rôle du premier, du second ou du troisième produit résultant de l'altération de la combinaison protéique, si cette substance présente la composition convenable. En effet, ce n'est certes pas un simple hasard que la composition des médicaments les plus énergiques, des alcalis organiques, par exemple, se rapproche de la composition de la substance cérébrale plus que de toute autre substance animale; tous ces médicaments renferment une certaine quantité d'azote; ils tiennent, quant à leur composition, le milieu entre les corps gras et les combinaisons de protéine.

La substance cérébrale possède un caractère chimique entièrement opposé à celui de ces médicaments; en effet, elle constitue un acide; de même elle renferme une bien plus forte proportion d'oxigène que les alcalis organiques. On remarque que la quinine ressemble beaucoup à la cinchonine quant à sa composition, mais l'effet de ces deux substances n'est pas tout-à-fait le même; la même chose se présente pour la morphine et la codéine, ainsi que pour la srychnine et la brucine; cependant on observe toujours une similitude d'action bien plus grande entre la quinine et la cinchonine, qu'entre ces mêmes alcaloïdes et les autres dont la composition offre des divergences plus considérables. Il est prouvé aussi que l'effet énergique de ces alcalis est en raison inverse de la proportion d'oxigène qu'ils renferment (la narcotive nous en fournit un exemple), de sorte qu'à la rigueur, ils ne peuvent pas se remplacer réciproquement d'une manière complète.

Ce fait jette beaucoup de lumière sur leur mode d'action, et démontre bien que leurs effets doivent être dans une relation intime avec leur composition. Si les alcaloïdes exercent réellement une certaine influence sur la production et la composition de la substance cérébrale, cela explique d'une manière extrêmement simple leur effet sur l'organisme à l'état de santé et de maladie. Celui qui ne partagerait pas notre opinion, devrait nier, par la même raison, que le principe essentiel du bouillon puisse, dans le corps de l'homme, ou le principe organique des os, dans le corps d'un chien, ou en général une combinaison azotée différente des combinaisons de protéine, et conséquemment impropre à la sanguification, trouver un emploi conforme à sa composition. Tout produit de la végétation, différent de la protéine, mais néanmoins semblable à une certaine partie de l'organisme, doit y trouver un emploi semblable à celui qu'obtiendrait le produit engendré primitivement par l'économie animale au moyen d'une autre substance végétale.

Le temps n'est pas loin où l'on n'avait encore aucune idée nette sur la cause de l'efficacité de l'opium et du quinquina. Aujourd'hui où l'expérience a démontré qu'elle est due à des substances chimiques et cristallisables, aussi différentes dans leur composition que dans leurs effets sur l'économie, il serait déraisonnable de douter que l'on parvienne jamais à démêler la part qu'elles prennent dans le travail vital; il serait aussi absurde de soutenir cette opinion, par la raison que ces substances agissent déjà en faible dose, que si, par exemple, on voulait apprécier le tranchant d'une lame de couteau d'après son poids.

115. Quelque hypothétique que paraisse mon raisonnement, je suis persuadé qu'il indique la voie que la chimie doit suivre désormais pour rendre des services véritables à la physiologie et à la pathologie. Les spéculations du chimiste roulent toujours sur les métamorphoses de la matière, sur les transformations subies par les substances alimentaires pour devenir tissus ou sécrétions. Nous voyons en général l'effet de tous les médicaments dépendre de certaines matières qui ne se ressemblent pas sous le rapport de leur composition, et si, par l'ingestion d'une matière, certains états anormaux reprennent une forme régulière, on ne peut pas se refuser à admettre que ce phénomène provient d'un changement dans la composition des principes de l'organisme malade, auquel changement les éléments du médicament prennent une part bien déterminée. Cette influence est semblable à celle que les principes des plantes exercent dans la formation de la graisse, des membranes, de la salive, de la matière spermatique, etc.; car leur carbone, leur hydrogène, leur azote, enfin tout ce qui entre dans leur composition tire son origine de l'économie végétale. Considérés sous ce point de vue, les effets de la quinine, de la morphine et des poisons végétaux en général n'apparaissent donc plus comme des hypothèses.

De la même manière qu'on peut dire, dans un certain sens, que la caféine, la théine, l'asparagine, et les substances nutritives non azotées sont des aliments pour le foie, puisqu'elles renferment les éléments par la présence desquels cet organe devient apte à remplir ses fonctions, de même aussi les médicaments azotés, caractérisés par leur action sur le cerveau et sur les appareils moteurs, peuvent s'envisager comme des aliments pour ces organes mystérieux, destinés à effectuer la métamorphose des principes du sang en substance cérébrale ou nerveuse. Lorsque dans une maladie la production de cette dernière substance prend une direction anormale, on est naturellement conduit à supposer que d'autres matières d'une composition semblable à celle du principe cérébral et propres à sa production, peuvent être employées, en place des matières nées du sang, à résister aux perturbations momentanées et à rétablir dans l'économie l'état normal. Les principes sanguins et les médicaments dérivent des plantes; ils tirent leur origine de la même source, et ce n'est que sous le rapport de la forme qu'ils présentent une différence.

Plusieurs physiologistes et chimistes ont révoqué en doute la particularité de l'acide cérébrique qui ressemble, par ses proportions de carbone et d'hydrogène, ainsi que par ses propriétés physiques, à un acide gras azoté; mais le caractère acide d'une substance azotée et grasse n'est pas une anomalie. Ainsi l'acide hippurique ressemble aux acides gras sous bien des rapports, et néanmoins il en diffère en ce qu'il renferme de l'azote; de même, les parties organiques de la bile ressemblent, par leurs propriétés physiques, aux résines, et, malgré cela, elles renferment de l'azote; les alcalis organiques se placent, quant à leurs propriétés physiques, entre les corps gras et les résines; ils sont tous azotés; l'existence d'un acide gras azoté n'est donc pas plus extraordinaire que celle d'une résine azotée qui possède les caractères d'une base salifiable.

Des études plus approfondies conduiront probablement à certaines différences pour la substance du cerveau, de la moelle épinière et des nerfs. Suivant les observations de M. Valentin, la substance cérébrale et nerveuse s'altère très promptement dès l'instant de la mort, et il faudrait donc, dans des recherches de cette nature, apporter beaucoup de soin dans la séparation des matières étrangères. De grandes difficultés s'y présenteraient sans doute, cependant elles ne seraient pas insurmontables.

Pour le moment, toutes les expériences s'opposent à ce qu'on admette dans la substance cérébrale une grande proportion de charbon et d'hydrogène; il n'est pas probable non plus que l'azote ne soit point partie intégrante de la substance cérébrale et nerveuse. On ne peut pas la ranger parmi les corps gras, car elle est en combinaison avec de la soude, tandis que tous les corps gras neutres sont des combinaisons de glycérine.

Quant au phosphore renfermé dans le cerveau,

nous ne possédons rien de précis sur l'état dans lequel il s'y trouve. On a constaté la production de gaz phosphorés dans la putréfaction de la substance cérébrale *.

* Le musée de Genève remit une forte portion d'esprit de vin, ayant servi à conserver des poissons, à M. Leroyer, pour le faire purifier. Ce pharmacien le distilla sur un mélange de chlorure de calcium et de chaux vive, et évapora le résidu par la chaleur au contact de l'air. Dès que la masse eut acquis une certaine consistance et une température plus élevée, il s'en dégagea une quantité extrêmement grande d'hydrogène phosphoré spontanément inflammable. (DUMAS, *Traité de Chim. appliq. aux arts*, p. 267.)

TROISIÈME PARTIE.

DES PHÉNOMÈNES DE MOUVEMENT

DANS L'ÉCONOMIE ANIMALE.

CHAPITRE I.

CARACTÈRES DE LA FORCE VITALE.

116. Il serait superflu d'augmenter les nombreuses images inventées par l'esprit humain pour expliquer la nature de cette cause particulière, source primitive des phénomènes de la vie animale et de la végétation, si les considérations développées au commencement de ce livre n'entraînaient certaines conséquences qu'il importe également de discuter.

Les raisonnements auxquels nous allons nous livrer n'auraient plus aucune portée, si l'on parvenait à démontrer que la cause de l'activité vitale n'a rien de commun, quant à ses manifestations, avec d'autres causes qui nous apparaissent comme déterminant dans la matière le mouvement, ainsi que les changements de forme et de nature ; du reste, il ne peut y avoir aucun inconvénient à comparer les particularités de la cause vitale avec le mode d'action de ces autres causes, car la vraie nature d'un phénomène se découvre, non pas par des abstractions, mais seulement à l'aide d'observations comparatives.

Si l'on considère, en effet, les phénomènes vitaux comme les manifestations d'une force particulière, les effets de celle-ci sont nécessairement soumis à certaines lois que nous pourrons découvrir, et qui se trouvent en harmonie avec les lois universelles du mouvement et de la résistance, d'après lesquelles se règle tout le système du monde matériel; de cet accord résultent des modifications dans la forme et dans la nature des corps, entièrement indépendantes et de la matière où siége la force vitale et de la forme sous laquelle celle-ci se manifeste.

La force vitale se révèle dans un corps vivant comme la cause de son accroissement en masse, ainsi que de sa résistance contre les activités extérieures ayant une tendance à altérer l'état, la forme ou la composition des particules élémentaires qui sont le siége de la vitalité.

Elle se présente comme une force motrice, qui détermine dans la matière un changement de forme et de mouvement, car elle trouble et détruit l'état de repos des forces chimiques qui maintiennent en combinaison les éléments des substances alimentaires offertes à l'organisme.

Ainsi la force vitale provoque la décomposition des substances alimentaires; elle dérange les attractions qui sans cesse sollicitent leurs particules; elle dévie dans leur direction les forces chimiques de manière à grouper autrement les éléments des substances alimentaires, et à produire ainsi de nouveaux composés semblables aux mobiles de la vitalité* ou différents de ces mobiles; elle modifie la direction et l'intensité de la force de cohésion, car elle détruit la cohérence des substances alimentaires, et oblige les nouveaux produits à s'unir sous des formes nouvelles, distinctes de celles qu'ils prennent lorsque la force de cohésion agit librement.

La force vitale se manifeste comme une force d'attraction en tant que les nouvelles combinaisons, résultant du changement de forme et de nature de la substance alimentaire, et ayant la même composition que le mobile, deviennent parties intégrantes de ce mobile.

Lorsque les nouvelles combinaisons ne sont pas semblables au mobile, elles sortent de la partie du corps où elles ont été produites, et alors, portées sous forme de sécrétions dans d'autres parties, elles y éprouvent de nouvelles transformations.

Enfin la vitalité se reconnaît aussi dans les parties organisées, lorsque les éléments de celles-ci ont acquis la faculté de résister aux altérations provoquées dans leur forme ou leur composition par des agents extérieurs, faculté que ces parties ne possèdent pas en qualité de combinaisons chimiques.

* M. Liebig appelle *mobiles de la vitalité* (Træger der Lebenskraft) toutes parties organisées et vivantes. C. G.

Les manifestations de la force vitale dépendent donc d'une certaine forme de ses mobiles, ainsi que de leur composition.

La faculté d'une partie vivante d'augmenter de masse nécessite un contact immédiat de substances propres à se décomposer, ou dont les parties élémentaires puissent devenir parties intégrantes de ce mobile.

Pour que l'augmentation de masse s'effectue, il faut que l'intensité vitale soit plus forte que la résistance opposée par la force chimique à la décomposition ou à la métamorphose des éléments des substances alimentaires.

Les manifestations de la force vitale sont aussi subordonnées à une certaine température ; dans beaucoup de circonstances, ni les plantes, ni les animaux ne présentent des phénomènes vitaux dès que la température décroît.

Les phénomènes vitaux d'un organe diminuent d'énergie et d'intensité, si sa chaleur propre s'abaisse et n'est pas compensée par d'autres causes.

Le manque de substance alimentaire met un terme à toutes les manifestations vitales.

117. Le contact des parties vivantes avec des substances alimentaires est déterminé par une force mécanique, engendrée par l'économie elle-même, et donnant à certains organes la faculté de changer de place, c'est-à-dire d'effectuer des mouvements mécaniques ou de neutraliser des résistances mécaniques.

Un corps en repos peut être mis en mouvement par une foule de forces entièrement différentes dans leurs manifestations; ainsi, par exemple, une horloge se meut par l'effet de la chute d'un poids ou de l'élasticité d'un ressort. De même, un grand nombre de mouvements se produisent par des forces électriques, magnétiques ou chimiques, sans que l'on puisse affirmer, en ne considérant que la partie matérielle du phénomène, laquelle de ces causes communique le mouvement au corps en repos.

Dans l'économie animale, il n'existe qu'une seule cause motrice, c'est la même qui détermine l'augmentation de la masse dans les parties vivantes et qui les rend aptes à résister aux actions extérieures, c'est en un mot la *force vitale.*

Pour saisir nettement ses divers modes de manifestation, il faut se rappeler que toute force agissant dans la matière se révèle à l'observateur de deux manières différentes.

La pesanteur inhérente aux particules d'une pierre, par exemple, leur communique une tendance incessante à se mouvoir vers le centre de la terre.

Cette activité échappe à la perception dès que la pierre repose, par exemple, sur une table, dont les parties opposent une résistance à la manifestation de la pesanteur de la pierre. Mais la force qui sollicite celle-ci est toujours présente; elle devient sensible par la pression exercée sur le support; toutefois la pierre reste en place, elle ne possède pas de mouvement. On appelle poids la manifestation de sa pesanteur à l'état de repos.

La pierre est empêchée de tomber par la résistance que lui oppose une force d'attraction qui maintient la cohérence des particules du bois. Une masse d'eau ne s'opposerait pas à sa chute.

Si la force qui pousse les molécules de la pierre vers le centre de la terre, était plus grande que la force de cohésion des particules du bois, cette dernière serait surmontée et ne pourrait par conséquent pas empêcher la chute de la pierre.

Si l'on enlève la table et conséquemment la force qui neutralisait l'effet de la pesanteur, celle-ci apparaît comme cause du changement de place de la pierre; alors la pierre entre en mouvement, c'est-à-dire qu'elle tombe. La résistance est toujours une force.

Suivant que la pierre tombe plus ou moins longtemps, elle acquiert des facultés dont elle était privée à l'état de repos : elle devient alors apte à neutraliser des résistances plus ou moins fortes ou à communiquer le mouvement à d'autres corps en repos.

Tombant d'une certaine hauteur, elle produit une empreinte sur l'endroit qu'elle atteint; si cette hauteur est encore plus considérable ou si la durée de la chute est encore plus grande, la pierre fait un trou dans la table; son propre mouvement se communique à un certain nombre de particules ligneuses qui accompagnent alors la pierre dans sa chute. La pierre en repos ne présente pas ces propriétés.

La vitesse acquise est toujours l'effet de la force motrice ; les circonstances étant les mêmes, elle est toujours proportionnelle à la pression.

Un corps tombant librement acquiert au bout d'une seconde une vitesse de 30 pieds ; le même corps tombant de la lune n'acquerrait dans une seconde qu'une vitesse de 30/360 = 1 pouce, parce qu'alors l'intensité de la pesanteur (c'est-à-dire la pression, la force motrice agissant sur le corps) serait 360 fois plus petite.

Lorsque la pression continue d'agir uniformément, la vitesse se trouve exactement dans le rapport de cette pression, de manière que, par exemple, le corps tombant 360 fois plus lentement acquiert au bout de 360 secondes la même vitesse qu'un autre corps au bout d'une seconde.

L'effet est donc non seulement proportionnel à la force motrice seule ou au temps, mais aussi à la pression multipliée par le temps, ce qui donne l'*unité de force.*

Dans deux masses de corps égales la vitesse détermine l'unité de force. Mais sous l'influence de la même pression, un corps se meut d'autant plus lentement que sa masse est plus grande ; une masse double exige, pour acquérir dans le même temps la même vitesse, une pression double, ou bien, si elle est sollicitée par une pression simple, il lui faut rester en mouvement deux fois autant de temps. Il faut, pour exprimer l'effet total, multiplier la masse par la vitesse ; le produit s'appelle la *quantité de mouvement.*

La quantité de mouvement d'un corps doit, dans tous les cas, correspondre à l'unité de force.

On appelle aussi tout simplement *force* la quantité de mouvement et l'unité de force, puisqu'on conçoit qu'une petite pression ayant, par exemple, agi pendant 10 secondes produit le même effet qu'une pression dix fois plus grande n'ayant duré qu'une seconde.

En mécanique on nomme *unité de mouvement* l'effet d'une force sans égard à la vitesse ni au temps qu'elle emploie. Si, par exemple, un homme soulève 10 kilogrammes à une hauteur de 100 mètres, et qu'un autre soulève 10 kilogrammes à 200 mètres, le second emploie pour cela deux fois autant de force que le premier; un troisième en soulevant 20 kilogrammes à 50 mètres n'emploie pas plus de force que le premier pour soulever 10 kilogrammes au double de la hauteur. Les unités de mouvement du premier (10×100) et du troisième (20×50) sont égales entre elles, mais l'unité de mouvement du second est double (10×200) de celles-ci.

Ainsi les expressions *unités de force* et *unités de mouvement* servent à comparer entre eux des effets qui se rapportent à une vitesse acquise dans un temps donné ou pour un espace donné; ces expressions, prises dans ce sens, peuvent donc s'appliquer aux effets de toute espèce de causes motrices ou déterminant des changements de forme et de composition, quelle que soit l'étendue de l'espace ou la durée du temps dans lequel ces effets se perçoivent.

Toute force se manifeste conséquemment dans la matière comme une résistance contre des causes extérieures provoquant un changement de lieu, de forme ou de composition; une force se révèle comme cause motrice lorsqu'elle n'a pas de résistance à vaincre ou lorsqu'elle surmonte les résistances.

Une seule et même force peut déterminer le mouvement et anéantir d'autres mouvements; dans le premier cas, aucun obstacle n'arrête son activité; dans l'autre, cette force neutralise le mouvement ou le changement de forme et de composition provoqué par une autre force. On appelle *équilibre* ou *repos* l'état où une unité de force ou de mouvement est exactement neutralisée par une unité de force ou de mouvement agissant en sens contraire.

Ces deux états s'observent aussi dans la force qui communique des propriétés si caractéristiques aux différentes parties du corps vivant.

118. La force vitale se manifeste comme force motrice lorsqu'elle neutralise les forces chimiques (la cohésion et l'affinité) agissant entre les molécules des substances alimentaires, ou lorsqu'elle détermine dans leurs éléments un changement de forme ou de lieu. Elle provoque, par conséquent, le mouvement en surmontant les attractions chimiques des parties alimentaires et en les obligeant de se grouper dans de nouvelles directions.

Il est évident qu'une partie vivante, ayant la faculté de neutraliser des résistances et de communiquer le mouvement aux molécules des substances alimentaires, doit avoir une unité de mouvement, c'est-à-dire qu'on doit pouvoir mesurer le mouvement ou le changement de forme et de composition déterminés par cette partie vivante.

Nous savons que ce mouvement est imprimé à des matières en repos, et si la force vitale se comporte comme toutes les forces, il faut que l'unité de mouvement puisse se communiquer ou se propager par des matières qui ne la neutralisent point en lui opposant une activité contraire.

Le mouvement provoqué dans une matière par une cause quelconque, ne peut pas s'anéantir de lui seul; il peut, il est vrai, être dissimulé à nos sens, mais son effet n'est pas nul par cela seul qu'une résistance ou force contraire le neutralise. La pierre qui tombe produit un certain effet en atteignant la table par la quantité de mouvement acquise pendant sa chute; l'impression produite sur le bois, la vitesse de la pierre communiquée aux particules ligneuses, c'est là son effet.

119. Appliquons maintenant les idées de mouvement, d'équilibre et de résistance aux forces chimiques qui sont plus intimement liées avec la force vitale que la pesanteur. Ces forces, comme on le sait, n'agissent qu'au contact immédiat; la faculté des combinaisons chimiques de résister aux influences étrangères, à la chaleur, au fluide électrique, tendant à les décomposer, de neutraliser les résistances op-

posées par d'autres combinaisons ou d'y opérer une décomposition, cette faculté, si diversement répartie, dépend d'un certain ordre dans lequel les éléments de ces combinaisons se touchent.

Les mêmes éléments unis dans un nouvel ordre présentent, au contact d'autres combinaisons, une faculté fort différente d'opposer une résistance ou d'en surmonter une autre ; tantôt sous l'une des formes de combinaison, la force devenue active peut être utilisée, le corps est alors actif, comme c'est le cas des acides ; tantôt, lorsque le corps est chimiquement indifférent, cette force n'agit pas ; tantôt enfin, le corps présente une autre forme, contraire à la première, comme celle des bases.

En modifiant l'ordre des éléments, on peut souvent séparer par un corps actif les parties constituantes d'un composé qui, combinées sous une autre forme, opposaient à son activité une résistance insurmontable.

De même que deux masses égales non élastiques et douées de la même vitesse se mettent en repos en se rencontrant en sens contraire, par la raison que deux unités de mouvement égales et contraires se neutralisent, de même aussi l'unité de force d'une combinaison chimique peut être neutralisée en totalité ou en partie par une autre unité de force égale et contraire, mais l'équilibre ne peut s'établir sans entraîner une perturbation dans l'ordre moléculaire des combinaisons où les forces sont devenues actives.

120. La force chimique de l'acide sulfurique renfermé dans le plâtre y réside avec la même intensité que dans l'huile de vitriol, mais elle n'est pas sensible; dès qu'on enlève la cause qui empêche son action sur d'autres matières, celle-ci se manifeste avec toute son énergie.

La force de cohésion d'un corps solide peut devenir insensible pour l'observateur par l'effet d'une force chimique (par la dissolution), ou de la chaleur (par la fusion), sans que pour cela elle soit anéantie ou même seulement affaiblie. Dès que la force contraire ou la résistance cesse d'agir, elle apparaît de nouveau dans toute son intégrité, comme cela s'observe dans les phénomènes de cristallisation.

On parvient, à l'aide des forces électriques ou de la chaleur, à imprimer aux forces chimiques les directions les plus variées, et à déterminer alors un nouvel ordre dans le groupement moléculaire de la matière. Mais lorsqu'on enlève la cause électrique ou calorifique, qui fait ainsi dominer des attractions moléculaires plus faibles, cela permet aux attractions plus fortes de persister, et si ces dernières sont elles-mêmes assez énergiques pour vaincre l'état d'inertie des éléments, ceux-ci s'unissent sous une forme nouvelle et produisent une autre combinaison douée de propriétés particulières.

Dans les combinaisons de cette espèce, où la libre manifestation des forces chimiques est d'abord contrariée par des forces étrangères, le choc, le frottement mécanique, le contact d'une matière se trouvant elle-même dans un état de mouvement ou de décomposition, en un mot toute cause extérieure dont l'activité s'ajoute à l'attraction chimique des éléments suivant une autre direction, suffit pour faire triompher cette attraction, pour vaincre l'état d'inertie des éléments, pour changer la forme et la composition que la matière affectait sous l'influence des causes étrangères ; il en résulte alors que cette matière se décompose et produit un ou plusieurs nouveaux corps doués de propriétés nouvelles.

On peut donc, dans les combinaisons de cette espèce, provoquer des transformations ou, si l'on veut, des phénomènes de mouvement, par la force chimique agissant librement dans une autre combinaison, et sans que l'action de cette force soit épuisée ou détruite par les résistances. Ainsi, par exemple, l'équilibre dans les attractions moléculaires du sucre de canne est troublé par l'effet du contact d'une très petite quantité d'acide sulfurique; ce corps le convertit alors en sucre de raisin ; de même, nous voyons les éléments de l'amidon s'assimiler sous une forme nouvelle les éléments de l'eau, sans que l'acide sulfurique, employé pour opérer cette transformation, perde son caractère chimique ; dans ces cas, l'acide sulfurique conserve, à l'égard des corps influencés par lui, la même activité qu'auparavant, comme s'il n'exerçait aucune action sur l'amidon.

Les forces chimiques se distinguent donc des forces mécaniques, en ce qu'elles provoquent, sans s'épuiser, des phénomènes de mouvement ou de transformation; elles continuent d'agir faute de se rencontrer avec des activités ou des résistances capables de les mettre en équilibre.

121. De la même manière que la manifestation des forces chimiques (l'unité de force d'une combinaison chimique) est subordonnée à un certain groupement moléculaire, de même aussi les phénomènes vitaux sont inséparables de la matière; l'expérience démontre que la vitalité de toute partie organisée dépend d'une certaine forme de l'organe, ainsi que d'un certain groupement moléculaire des éléments de celui-ci. Toutes les manifestations vitales disparaissent dès que la forme et la composition de l'organe sont détruites.

Rien ne s'oppose donc à ce qu'on envisage la force vitale comme une propriété particulière, inhérente à certaines matières, et devenant sensible par la réunion de leurs molécules sous certaines formes.

Cette théorie, loin d'ôter aux phénomènes vitaux leur caractère mystérieux, peut servir de point de départ dans l'étude des lois auxquelles ils obéissent. N'a-t-on pas aussi rattaché les phénomènes de la lumière à une matière lumineuse, à un éther qui n'a cependant rien de commun avec leurs lois?

Ainsi conçue, la force vitale réunit, dans ses manifestations, toutes les propriétés des forces chimiques, ainsi que de cette force, non moins miraculeuse sans doute, qu'on considère comme la cause primitive des phénomènes électriques.

La force vitale ne se manifeste pas, comme la pesanteur ou le magnétisme, à des distances infinies, mais, semblable aux forces chimiques, elle n'agit qu'au contact immédiat, elle ne devient sensible qu'au sein d'une agrégation matérielle.

Nous admettrons, par conséquent, qu'une partie vivante acquiert la faculté de faire résistance ou de surmonter une résistance par la réunion de ses molécules sous une certaine forme; elle doit donc, tant que cette forme n'est point détruite par des forces contraires, conserver intégralement sa vitalité.

Lorsque, par l'effet de l'activité vitale d'une partie du corps, les éléments des substances alimentaires se sont réunis sous une forme et avec une composition pareilles à celles de cette partie, ces éléments acquièrent la même faculté qu'elle; cette réunion a donc pour résultat de rendre manifeste la force vitale résidant en eux.

122. Rappelons-nous que toutes les substances servant d'aliments aux organes vivants sont des combinaisons de deux ou de plusieurs éléments, maintenus ensemble par des forces chimiques; rappelons-nous aussi que l'activité vitale des organes a pour effet de grouper sous une nouvelle forme les éléments des substances alimentaires; il est donc évident que l'unité de force ou de mouvement de l'agent vital doit être, dans ces circonstances, plus grande que l'at traction chimique agissant entre les éléments des substances alimentaires *.

La force chimique qui maintient ensemble les molécules agit comme une résistance que la force vitale surmonte.

Si l'une et l'autre étaient d'une intensité égale, il n'y aurait pas d'effet sensible; l'action chimique prédominant, la partie vivante éprouverait une altération.

Une certaine quantité de force vitale étant employée pour se mettre en équilibre avec la force chimique, il reste toujours un certain excès de la première pour déterminer la décomposition; cet excès représente l'unité de force de la partie vivante par laquelle la décomposition est opérée. La partie vivante reçoit par cet excès la faculté permanente d'effectuer d'autres décompositions et de préserver son état, sa forme et sa composition de l'influence des actions étrangères.

On conçoit que cet excédant de force puisse être enlevé et employé d'une autre manière; l'existence de la partie vivante ne serait pas pour cela mise en péril, car il en résulterait, dans ce cas, un état de

* Les mains d'un homme qui soulève avec une corde 15 kilogrammes à une hauteur de 100 mètres font 100 mètres de chemin, tandis que ses muscles tiennent en équilibre une résistance (une pression) de 15 kilogrammes. Si la force employée par l'homme n'était pas plus grande que pour faire équilibre à la pression de 15 kilogrammes, il ne serait pas en état de soulever le poids à la hauteur indiquée.

repos et d'équilibre; mais en perdant son surplus de vitalité, cette même partie n'aurait plus la faculté d'augmenter de masse ni d'effectuer des décompositions ou de résister aux perturbations étrangères, de sorte que si l'oxigène venait à la rencontrer, elle ne pourrait plus l'empêcher de se combiner avec elle. Suivant la proportion de l'oxigène, une quantité correspondante de l'organe affecté par lui perdrait alors l'état de vie pour prendre la forme d'une combinaison chimique, autrement composée que la partie vivante; en un mot, il en résulterait un changement dans les propriétés de celle-ci, c'est-à-dire une métamorphose chimique.

123. Si l'on songe que la faculté d'augmenter de masse est presque illimitée chez les plantes, que, par exemple, une centaine de branches détachées d'un saule peuvent reproduire une centaine de saules entiers, il est bien permis d'admettre que, lorsque les éléments alimentaires se réunissent pour devenir partie intégrante d'une plante, il s'ajoute, à l'unité de force déjà existante en elle, une autre unité de force contenue dans la nouvelle partie végétale, de telle sorte que la vitalité de la plante croît en raison même de l'augmentation de sa masse.

Les produits qui résultent des substances alimentaires par l'action de la force vitale varient suivant son intensité. En effet, les parties constituantes du bourgeon, de la racine, de la feuille, de la fleur et du fruit sont extrêmement différentes, et les forces chimiques qui maintiennent leurs éléments en combinaison, diffèrent aussi considérablement.

Quant aux principes non azotés des plantes, on peut affirmer que la force vitale n'est point employée pour leur conserver leur forme et leur composition, dès que leurs éléments se sont groupés dans l'ordre où ils deviennent le siége de la vitalité.

Les principes végétaux azotés se comportent tout différemment, car une fois séparés de la plante, ils entrent, comme on dit habituellement, d'eux seuls en fermentation et en pourriture. Mais cette décomposition est toujours la conséquence de l'action chimique exercée par l'oxigène sur leurs éléments. Or, tant que la plante présente des phénomènes vitaux, elle développe de l'oxigène à sa surface, et cet oxigène est sans aucune action sur les principes de la plante vivante, pour lesquels, dans d'autres circonstances, il manifeste l'affinité la plus prononcée. Il est donc évident qu'une certaine quantité de force vitale doit être dépensée, soit pour maintenir les éléments de ces principes azotés dans l'ordre, la forme et la composition qui les caractérisent, soit aussi pour servir de résistance contre l'action incessante de l'oxigène atmosphérique sur leurs éléments, ainsi que de l'oxigène sécrété dans le travail de la végétation.

A mesure que ces principes si altérables augmentent, par exemple, dans la fleur et dans le fruit, les forces chimiques, dont l'influence doit être neutralisée par une quantité équivalente de force vitale, s'accroissent dans le même rapport.

La plante augmente de masse jusqu'à ce que la force vitale qui réside en elle se soit mise en équilibre avec toutes les causes étrangères et contraires ; chaque nouvelle cause de perturbation (par exemple, un changement de température) ajoutée aux causes déjà existantes prive peu à peu le végétal de toute résistance, de sorte qu'il finit par périr.

Dans les plantes vivaces (par exemple, dans les plantes ligneuses) la quantité de principes azotés putréfiables est si faible comparativement aux principes non azotés, que ces végétaux ne dépensent, pour faire résistance aux actions chimiques, qu'une portion extrêmement minime de la somme de leur vitalité ; l'inverse se présente chez les plantes annuelles.

CHAPITRE II.

INNERVATION.

121. A toutes les époques de la végétation, la force vitale renfermée dans les plantes à l'état d'activité (non neutralisée par les influences étrangères) n'est employée à déterminer qu'un seul mode de manifestation, c'est-à-dire l'accroissement de la masse végétale et la neutralisation des résistances ; jamais la force vitale n'y est dépensée pour un autre but.

Dans l'économie animale, elle se déclare aussi par l'accroissement de l'individu et par la résistance opposée aux agents extérieurs ; mais ces deux fonctions sont renfermées entre certaines limites.

En effet, on remarque que la transformation des substances alimentaires en sang et le contact du sang avec les parties vivantes du corps sont subordonnés à une force mécanique produite par des organes particuliers, et entretenue par des appareils spéciaux qui ont la faculté de propager le mouvement reçu. Les animaux possèdent aussi d'autres appareils destinés à la locomotion et au mouvement mécanique des membres. Tous ces appareils, et conséquemment aussi les phénomènes provoqués par eux, manquent au règne végétal.

125. Considérons, pour mieux saisir l'origine des mouvements mécaniques dans l'économie animale, la manière d'agir d'autres forces très rapprochées de la force vitale, quant aux effets.

Lorsque des plaques de zinc et de cuivre, rangées dans un certain ordre, sont mises en contact avec un acide, les deux extrémités de l'appareil étant mises en communication par un fil métallique, il en résulte une action chimique dans les plaques de zinc, et le fil acquiert des propriétés extrêmement curieuses.

Ce fil apparaît alors comme le siége d'une force qui se propage en lui avec une excessive vitesse dans toutes les directions; il conduit et répand une série non interrompue d'activités. Cette propagation du mouvement ne serait pas possible, s'il y avait une résistance à vaincre dans le fil : toute résistance mettrait nécessairement une partie de la force à l'état de repos. Lorsqu'on coupe le fil au milieu, la force cesse de se propager; mais dès qu'on rétablit la communication, la même action reparaît avec toute son énergie.

Les effets les plus variés s'obtiennent avec l'activité développée dans le fil; par elle, les résistances les plus diverses sont vaincues : elle soulève des fardeaux, met des navires en mouvement, et, ce qui est encore plus remarquable, le fil se comporte comme un tube creux, où circule librement et sans entraves un courant de forces chimiques. Les affinités les plus énergiques, considérées comme inhérentes à quelques matières, se retrouvent dans ce fil, en apparence dans un état d'entière liberté ; on peut même les transporter sur d'autres matières et leur communiquer ainsi la faculté d'entrer en combinaison, ce qu'elles ne feraient pas à elles seules. Suivant la quantité de force circulant dans le fil, on peut, à son aide, décomposer des combinaisons dont les éléments présentent entre eux les plus fortes affinités, sans que la substance elle-même du fil prenne la moindre part à ces effets ; le fil n'est que le conducteur de la force.

A ce même fil, on observe, en outre, des phénomènes d'attraction et de répulsion qu'il faut attribuer à l'état d'équilibre détruit dans les forces électriques et magnétiques, et lorsque cet équilibre se rétablit, il est toujours accompagné de chaleur et de lumière.

Tous ces phénomènes remarquables sont provoqués par l'action chimique exercée entre l'acide et le zinc ; ils entraînent un changement de forme et de composition dans l'un et l'autre corps. L'acide sacrifie son caractère chimique, le zinc se combine avec lui. Les activités développées dans le fil métallique sont une conséquence immédiate du changement de propriétés de ces deux corps.

Toutes les particules d'acide perdent successivement les caractères chimiques qui les distinguent, et on voit alors, dans le même rapport, le fil métallique recevoir une force chimique, mécanique, galvanique, magnétique, ou comme on voudra l'appeler.

Suivant le nombre des particules, éprouvant cette transformation dans un temps donné (suivant l'étendue de la surface du zinc), le fil acquiert une quantité plus ou moins grande de cette force.

La durée du courant de force dépend de l'action chimique; la durée de celle-ci est donc intimement liée à la propagation de la force. Si l'on empêche la force de se propager, l'acide conserve son caractère chimique; si elle est employée à surmonter des résistances chimiques ou mécaniques, à décomposer des combinaisons chimiques ou à produire un mouvement mécanique, l'action chimique continue néanmoins, c'est-à-dire que toutes les particules l'une après l'autre changent de propriétés.

L'interprétation que nous venons de donner de ces phénomènes remarquables ne se rattache aux théories d'aucune école. La force circulant dans le fil, est-ce la force électrique, est-ce l'affinité? se propage-t-elle dans le conducteur comme un liquide mis en mouvement ou comme une série d'unités de mouvement, comme le son ou la lumière, en passant d'une particule du conducteur à l'autre? On l'ignore et on l'ignorera toujours. Toutes les théories par lesquelles on cherche à expliquer ces phénomènes n'ont pas la moindre influence sur leur véritable nature, puisqu'elles ne se rapportent qu'à la forme sous laquelle ces phénomènes se manifestent.

La seule chose que l'on sache avec certitude, c'est que tous les effets provoqués par le fil conducteur sont dus au changement de propriétés de l'acide et du zinc, car le mot *action chimique* n'exprime autre chose que ce changement lui-même ; nous savons aussi qu'ils dépendent de la présence d'un conducteur, c'est-à-dire d'une substance qui propage l'activité résultante ou l'unité de force produite dans toutes les directions où elle n'est pas neutralisée par une résistance ; que cette activité devient, par conséquent, l'unité de force qui détermine des mouvements mécaniques, lesquels, reportés sur d'autres corps, leur communiquent toutes les propriétés dont la cause primitive est la force chimique elle-même. Les corps reçoivent ainsi la faculté d'effectuer des décompositions et des combinaisons, faculté dont ils manquent entièrement avant d'avoir reçu la force par le conducteur.

126. Ces expériences si bien connues peuvent nous guider dans la recherche des causes primitives des effets mécaniques produits dans l'économie animale.

L'observation démontre que le mouvement du sang et des sucs émane de certains organes qui, comme le cœur et les intestins, n'engendrent pas en eux-mêmes la force motrice, mais la reçoivent d'autre part.

Nous savons d'une manière positive que les nerfs sont les conducteurs et les propagateurs des effets mécaniques ; nous savons que par eux le mouvement se répand dans tous les sens. Chaque mouvement a son nerf particulier, son conducteur à lui ; il se propage sans altération en raison de la faculté conductrice de ce nerf, et cesse dès que la conductibilité est interrompue.

Toutes les parties de l'organisme animal, tous les membres reçoivent par les nerfs la force motrice nécessaire à leurs fonctions, à la locomotion, à la production des effets mécaniques ; le mouvement est impossible là où les nerfs manquent. La force produite en abondance dans certaines parties est amenée par les nerfs à d'autres ; lorsqu'un organe ne produit en lui-même pas assez de force, d'autres lui en fournissent ; ce qui lui manque en vitalité pour résister aux influences perturbatrices, pour vaincre des résistances, d'autres organes le lui offrent comme excédant qui ne trouve plus d'emploi chez eux-mêmes.

On sait aussi que tous les mouvements, spontanés ou involontaires, tous les effets mécaniques de l'économie dépendent d'un changement particulier dans la forme et dans la composition de certaines parties vivantes, dont l'accroissement et le décroissement se trouvent en connexion intime avec la quantité de force consommée par ces mouvements.

Une conséquence immédiate de la production d'un effet mécanique, c'est qu'une partie de la substance musculaire perd ses propriétés vitales et se détache de l'organe ; cette partie renonce alors à la faculté d'augmenter de masse et de faire résistance. En même temps que la substance musculaire éprouve cette transformation, elle fixe un élément étranger, savoir de l'oxigène, de la même manière que, dans l'exemple précédent, l'acide perd son caractère chimique en se combinant avec le zinc. Toutes les expériences démontrent que cette métamorphose du muscle en substances privées de vie est favorisée ou ralentie, suivant la quantité de force dépensée pour produire le mouvement ; on peut même dire que la métamorphose et la dépense de force sont proportionnelles entre elles, de telle sorte qu'une métamorphose rapide de la substance musculaire exige la dépense d'une grande quantité de force mécanique, et qu'une plus grande quantité de mouvement mécanique entraîne toujours une mutation de substances plus rapide.

Cette liaison intime qui existe entre les métamorphoses de l'économie et la force consommée par les mouvements mécaniques, amène nécessairement à cette conclusion que la force vitale, qui est active ou libre dans certaines parties organisées, constitue la cause des effets mécaniques de l'économie.

La force motrice provient nécessairement des parties vivantes, possédant une unité de force ou de mouvement qu'elles perdent à mesure que d'autres parties reçoivent par elles une unité de force ou de mouvement; les premières perdent alors leur faculté de s'accroître et de résister aux influences étrangères. Il est évident que la cause primitive, la force vitale, qui leur avait communiqué cette propriété, sert à produire l'effet mécanique; elle est consommée par le mouvement.

Comment, en effet, serait-il possible qu'un organe quittât l'état de vie, devînt impropre à résister à l'action de l'oxigène amené à lui par le sang artériel, et sacrifiât sa faculté de vaincre des résistances chimiques, sans que l'unité de force de l'agent vital qui lui donnait toutes ces propriétés fût employé à d'autres usages ?

127. Il est évident que l'équilibre s'établit dans un organe entre les forces chimiques et l'agent vital, lorsque les conducteurs (les nerfs) répandent dans d'autres parties où la force vitale est consommée sans aucune résistance l'unité de force propre à cet organe, c'est-à-dire l'action exercée par sa force vitale sur toutes les parties environnantes ; l'équilibre ne serait pas possible si les mouvements mécaniques ne consommaient une certaine quantité de force vitale. Alors les causes étrangères capables d'influencer la forme ou la composition de l'organe n'éprouvent plus aucune résistance. Sans l'emploi de la force vitale à d'autres usages, sans l'accès de l'oxigène, l'organe conserverait son état, privé, il est vrai, de manifestations vitales, car les métamorphoses ne s'établissent que par l'action chimique de l'oxigène, et ce n'est qu'en conséquence de cette action que l'organe est rejeté sous la forme d'une combinaison morte.

La mutation des organes, la production du mouvement mécanique et l'absorption de l'oxigène, sont entre elles dans des rapports si intimes, que l'on peut exprimer la quantité du mouvement ainsi que de la substance métamorphosée, par la quantité de l'oxigène absorbé par l'animal dans un temps donné.

Ainsi, pour chaque quantité de mouvement, pour chaque quantité de force vitale consommée comme force mécanique, un équivalent de force chimique devient actif, c'est-à-dire qu'un équivalent d'oxigène se fixe sur l'organe quittant l'état de vie, et qu'une proportion équivalente de substance est rejetée sous la forme d'une combinaison oxigénée.

Toutes les parties de l'organisme animal, destinées à éprouver des métamorphoses (pour produire de la force), sont traversées en tous sens par des canaux extrêmement ténus, où circule sans cesse, en dissolution dans le sang artériel, l'oxigène nécessaire à la décomposition de ces parties, c'est-à-dire à la perturbation de l'équilibre.

Tant que la force vitale de ces parties n'est point portée ailleurs pour y être employée à certaines fonctions, l'oxigène du sang artériel n'exerce pas la moindre action sur la substance dont elles se composent, de sorte qu'elles n'en absorbent que la quantité qui correspond aux effets mécaniques produits.

L'oxigène de l'atmosphère est la cause extérieure de la métamorphose des tissus; il se comporte en cela comme une force qui tend constamment à troubler et même à détruire les manifestations vitales; mais son action chimique est neutralisée par la force vitale qui agit librement dans les parties vivantes; quelquefois aussi son influence est paralysée par une autre action chimique, opérant en sens contraire, et dont la manifestation est subordonnée à la force vitale.

Détruire l'action chimique de l'oxigène, c'est, chimiquement parlant, lui présenter des substances qui puissent se combiner avec lui.

128. L'affinité ou l'action chimique de l'oxigène peut être neutralisée par la partie d'un organe dont la force vitale a été refoulée ailleurs, ou bien aussi par les produits d'autres organes offerts à l'oxigène par le premier organe, ou enfin par des substances résultant des aliments par l'effet des fonctions vitales de certains appareils.

Sous ce point de vue cependant, il n'y a que le système musculaire qui engendre en lui-même une résistance contre l'action chimique de l'oxigène, de manière à la neutraliser complétement. La substance des tissus cellulaires et membraneux n'éprouve pas des mutations proprement dites, car elle n'est pas dans un contact intime et immédiat avec le sang artériel, c'est-à-dire avec l'oxigène. Aussi les transformations de ces tissus n'ont-elles lieu que par leur surface.

Les tissus gélatineux, les membranes muqueuses, les tendons, etc., ne sont pas destinés à produire de la force mécanique ; ils ne renferment en eux aucun conducteur des effets mécaniques, tandis que le tissu musculaire est traversé par une infinité de nerfs. La substance qui compose l'utérus ne diffère pas chimiquement de la substance des muscles, mais elle n'éprouve pas de métamorphoses, elle n'est point destinée à produire de la force, car elle non plus ne renferme de conducteurs pour distribuer les effets d'une force motrice.

Les cellules, les muqueuses, les membranes en général ont toutes la propriété de se combiner avec l'oxigène en présence de l'humidité; on sait que dans cet état elles éprouvent une altération progressive. Or, les muqueuses qui recouvrent intérieurement les intestins et le tissu propre des poumons sont constamment en contact avec l'oxigène. Il est évident qu'elles devraient subir des décompositions extrèmement rapides par l'effet de cet agent, s'il n'existait dans l'économie une source de résistance contre son influence. Cette résistance est opérée, on peut le dire, d'une manière générale, par toutes les matières qui possèdent ou reçoivent sous l'influence de la force vitale la faculté de se combiner avec l'oxigène, et qui surpassent les tissus eux-mêmes, quant au pouvoir de neutraliser l'action chimique de cet élément.

Sous ce rapport, les parties dépourvues de vitalité doivent nécessairement bien mieux convenir à cette fonction que les tissus placés sous des influences vitales, ne fût-ce même que par l'intermédiaire des nerfs. On conçoit, d'après cela, l'importance que doivent offrir la bile, la graisse, le mucus, les sécrétions en général, pour la conservation des tissus propres des poumons et des intestins.

Lorsque les membranes sont obligées de fournir de leur propre substance à la résistance contre l'oxigène, à défaut des corps destinés à cet usage elles succombent nécessairement à l'action chimique, car leur rénovation est renfermée dans d'étroites limites. Les intestins et les poumons éprouvent toujours simultanément des modifications anormales.

C'est par la métamorphose continue du système musculaire que les organes reçoivent la matière propre à résister à l'action de l'oxigène ; lorsque ces mutations de matière s'accélèrent, la sécrétion de la bile augmente, tandis que la graisse déjà formée diminue dans le même rapport.

129. L'entretien des mouvements involontaires dans l'économie nécessite donc, pendant toute la vie, la consommation d'une certaine quantité de force vitale, ce qui entraîne des métamorphoses permanentes dans l'organisme. Mais la quantité de substance qui se mortifie ainsi est fort bornée; elle est en raison directe de la force dépensée pour ces mouvements:

On pourrait fort bien admettre qu'en compensant d'une manière complète, à l'aide des aliments, les pertes éprouvées par le système musculaire, il ne perdrait jamais sa faculté d'augmenter de masse et conserverait ainsi pour toujours cette forme vitale; mais, dans tous les cas, cela serait impossible pour les parties dont l'activité vitale est employée à produire directement des effets mécaniques, car la consommation de substance par l'effet des efforts et du mouvement varie extrêmement d'un individu à l'autre.

Il faut songer que le plus léger mouvement d'un doigt ou d'un membre consomme de la force, et qu'il en résulte une diminution de volume dans la partie correspondante du muscle; conséquemment, un parfait équilibre ne devient possible qu'autant que la réparation des pertes s'opère au moment même où la partie organisée quitte l'état de vie.

La faculté d'augmenter de masse dépend de l'unité de force propre à chaque partie de l'organisme; cette faculté se manifeste sans interruption, tant que, par l'effet d'une alimentation suffisante, l'organe ne perd pas cette unité, par exemple, en l'employant à produire du mouvement.

Dans toutes les circonstances, l'accroissement lui-même est subordonné au temps, c'est-à-dire qu'il ne peut pas être illimité pour un temps défini.

Il est évident qu'au moment même où une partie vivante se mortifie et est rejetée par l'organe sous la forme d'une combinaison privée de vie, cette partie ne peut pas s'accroître, car sa masse, son volume diminuent.

Cette consommation incessante des unités de force propres aux parties vivantes, dans le but de la production des effets mécaniques, occasionne, par conséquent, une élimination continuelle de matière, et ce n'est qu'au moment où cesse d'agir la cause de cette déperdition que l'accroissement peut se manifester de nouveau.

Or, comme dans l'espace de vingt-quatre heures, des quantités inégales de parties vivantes sont consommées chez des individus différents pour produire des effets volontaires et mécaniques, il faut, pour la conservation des phénomènes de mouvement, que chacun d'eux éprouve un état où tous les mouvements volontaires soient supprimés, où, par conséquent il ne se fasse plus, pour ceux-ci, aucune dépense de force. Cet état, c'est le *sommeil*.

150. La faculté d'augmenter de masse, dans une partie qui a conservé son unité de force, ne peut nullement être influencée, lorsque cette force est employée à produire des effets mécaniques dans une autre partie de l'organisme; l'une peut augmenter de masse en même temps que l'autre diminue, sans que les deux fonctions se troublent réciproquement; la consommation dans l'une ne peut ni diminuer ni augmenter la restitution effectuée dans l'autre partie.

Comme il se fait, pendant le sommeil, des mouvements involontaires, il est évident qu'il s'y consomme également de la force pour les produire. Si l'équilibre primitif doit se rétablir, il faut admettre que pendant le sommeil l'organisme recouvre, sous la forme de parties vivantes, toute la quantité de force dépensée pendant la veille pour la production des mouvements spontanés et des mouvements involontaires.

Dès que l'équilibre entre la dépense et la restitution est troublé d'une manière ou de l'autre, cela se manifeste aussitôt par une différence dans la force disponible pour la production des effets mécaniques.

Il est clair aussi que lorsqu'il existe dans les

nerfs une disproportion entre la conductibilité des mouvements spontanés et celle des mouvements involontaires, on devra remarquer cette différence dans les phénomènes de mouvement eux-mêmes, suivant que les nerfs propageront plus ou moins le mouvement communiqué à eux par les métamorphoses organiques. Lorsque la circulation du sang est activée ou que les mouvements des intestins sont augmentés, la production des effets mécaniques par les membres diminue dans le même rapport (comme, par exemple, chez les gloutons). De même, si le mouvement mécanique (les efforts, la course, la danse, etc.) consomme plus de force vitale qu'il n'y en a de disponible pour l'accomplissement des mouvements spontanés, c'est-à-dire plus qu'il n'en correspond à la quantité de substance capable de se métamorphoser dans le même temps, il faut alors, pour compenser l'excès de force mécanique dépensée pour les mouvements spontanés, qu'il s'emploie une partie de la force nécessaire aux mouvements involontaires. Dans ce cas, le mouvement du cœur et des intestins se ralentit, et peut même cesser complétement.

C'est aussi à la différence dans la conductibilité des nerfs qu'il faut attribuer les états connus sous les noms de *paralysie*, de *syncope*, de *spasme*.

La paralysie des nerfs du mouvement involontaire n'entraîne pas nécessairement l'amaigrissement de l'organe; mais de fréquentes attaques épileptiques (consommation de force vitale pour des effets mécaniques) sont toujours accompagnées d'un amaigrissement extrêmement rapide.

131. On se sent pénétré d'admiration en considérant cette sagesse infinie avec laquelle le Créateur a distribué, dans les animaux et dans les plantes, les moyens nécessaires à l'accomplissement de leurs fonctions, à la manifestation de leurs activités vitales! Le végétal conserve sa vitalité dans toute son énergie, sans renfermer aucun conducteur de force ; cette vitalité rend la feuille apte à vaincre les attractions chimiques les plus fortes, à décomposer l'acide carbonique, à s'approprier les principes nécessaires à sa nutrition. Ce n'est que dans la fleur qu'on remarque des phénomènes de mouvement, ainsi qu'une mutation de matières semblable aux métamorphoses de l'économie animale ; mais, faute de conducteurs, les effets mécaniques ne s'y propagent point. Cette même force vitale qui se manifeste dans les plantes par un accroissement de masse presque illimité, se transforme dans l'organisme des animaux en une force motrice, et, chose merveilleuse, la nutrition n'exige chez eux que des matières identiques dans leur composition avec les organes générateurs de la force, c'est-à-dire avec le système musculaire.

La force dépensée par les organes métamorphosés pour être régénérés par le sang, l'affinité chimique que la force vitale est obligée de vaincre dans les aliments azotés destinés à la sanguification, ne sont que fort minimes en comparaison de la force qui maintient en combinaison les éléments de l'acide carbonique. Une quantité définie de force ne pourrait pas être employée à développer du mouvement, si elle avait d'abord à vaincre des forces chimiques considérables, car l'unité de mouvement propre à la force vitale diminue par l'effet de toute espèce de résistance.

Le passage des principes du sang à l'état de fibre musculaire, c'est-à-dire à celui d'un organe destiné à produire de la force, ne consiste que dans un changement de forme, car le sang et la fibre musculaire ont la même composition; le sang est liquide, la fibre des muscles est du sang concret. On peut donc se représenter l'accomplissement de cet acte sans aucune dépense de force vitale, car un corps liquide, pour devenir solide, n'exige l'intervention d'aucune force, il n'a besoin que d'écarter certains obstacles qui s'opposent à la cohésion de ses parties.

Nous ignorons la forme sous laquelle la force vitale détermine les effets mécaniques dans l'économie animale, et certes nous ne pourrons jamais l'approfondir par des expériences, pas plus que la connexion qui existe entre les actions chimiques et les phénomènes de mouvement produits par la pile galvanique. Toutes les explications qu'on a essayé d'en donner sont de simples images, des descriptions plus ou moins exactes, des comparaisons entre ces phénomènes et d'autres déjà connus; nous sommes obligés de nous arrêter devant eux, comme un ignare qui verrait un piston se mouvoir dans un cylindre métallique et n'en connaîtrait pas les communications avec les rouages tournant à côté dans tous les sens. Savons-nous, en effet, comment ce quelque chose d'invisible et d'impondérable, que nous appelons chaleur, peut donner à certaines matières la propriété d'exercer sur leurs alentours des pressions si énormes; savons-nous même seulement comment ce quelque chose se produit quand nous brûlons du bois ou du charbon?

La même chose doit se dire de la force vitale et des phénomènes offerts par les corps vivants; la cause de ces phénomènes, ce n'est pas la force chimique, ce n'est ni l'électricité ni le magnétisme, mais une force qui possède les propriétés générales de toutes les causes motrices, car elle détermine dans la matière des changements de forme et de composition; c'est une force d'une espèce particulière, car elle présente en outre des caractères étrangers à toutes les autres forces.

CHAPITRE III.

CONDITIONS D'ÉQUILIBRE DANS L'ÉCONOMIE.

152. Dans la plante vivante, la force vitale domine, par son intensité, l'action chimique de l'oxigène.

En effet, nous savons d'une manière positive que, sous l'influence de l'activité vitale, l'oxigène est séparé des éléments pour lesquels il présente la plus grande affinité, et qu'il est rejeté à l'état de gaz sans exercer la moindre action sur les parties constituantes des sucs.

Il faut donc que la résistance communiquée par la force vitale à une feuille, renfermant, par exemple, de l'essence de térébenthine ou du tannin, soit bien puissante, puisqu'elle met obstacle à la manifestation de l'affinité de l'oxigène pour ces principes.

Cette force de résistance, la feuille la reçoit de la lumière solaire dont l'influence peut se comparer à celle d'une température élevée, d'un rouge faible, dans les réactions chimiques.

Pendant la nuit, la plante vivante présente un phénomène contraire, car alors les feuilles et les autres parties vertes se combinent avec l'oxigène de l'atmosphère, tandis qu'elles ne possèdent pas cette propriété lorsque la lumière les frappe.

Il faut nécessairement en conclure que l'intensité de la force vitale y diminue à mesure que la lumière décroît; qu'il s'y établit, à l'approche de la nuit, un état d'équilibre, et enfin que, dans l'obscurité complète, toutes les parties végétales qui, pendant le jour, éliminaient l'oxigène des combinaisons chimiques, ou s'opposaient à son influence, perdent complétement cette faculté.

135. Les animaux offrent un phénomène tout semblable; leur organisme exige, dans l'intérêt des fonctions vitales, un certain degré de chaleur, et toutes les manifestations de la vie y cessent dès qu'il se trouve exposé à un certain froid. Chez eux, l'abaissement de la chaleur équivaut conséquemment à une diminution dans la vitalité; la résistance opposée par les parties vivantes contre les perturbations extérieures diminue donc par le décroissement de la chaleur, dans le même rapport que la faculté de ces parties de se combiner avec l'oxigène de l'air devient plus grande.

C'est la combinaison de l'oxigène avec les principes des tissus métamorphosés qui engendre, chez les carnivores, la chaleur nécessaire aux manifestations vitales. Chez les herbivores, une certaine quantité de chaleur est aussi développée par la combustion des parties non azotées de leurs aliments.

Il est évident que la température du corps ne peut

varier si la quantité de l'oxigène absorbé par la respiration est en raison directe des déperditions de chaleur causées par le refroidissement extérieur.

Deux individus de même poids qui se trouvent exposés à des degrés de froid différents, perdront, dans le même temps, par l'effet du rayonnement, des quantités inégales de chaleur. L'expérience prouve que, pour maintenir en eux leur température propre et pour conserver leur poids, ils ont besoin de quantités différentes de nourriture ; celui qui est placé dans la température la plus basse en exige plus que l'autre. Or, puisque leur poids reste le même malgré les quantités inégales de nourriture consommées par eux, cela suppose, bien entendu, qu'ils absorbent, dans le même temps, des quantités proportionnelles d'oxigène, et que cette absorption est la plus forte pour la basse température; puisque, de plus, les aliments se transforment en sang, et que le sang sert à la nutrition, il est clair aussi qu'un poids de parties vivantes, égal au poids des principes nutritifs, doit quitter l'état de vie et s'évacuer après s'être combiné avec l'oxigène. Celui des individus qui est exposé au plus grand froid ingère le plus d'aliments en même temps qu'il consomme le plus d'oxigène; chez lui, l'économie rejette le plus de parties organisées après qu'elles se sont unies à cet élément, et cette métamorphose, cette combustion dégage alors aussi la plus grande quantité de chaleur, de manière à compenser les déperditions de calorique et à maintenir la même température dans l'organisme.

Par le refroidissement, il faut donc que la métamorphose des tissus s'accélère, si l'ingestion des aliments se fait suffisamment et que l'accès de l'oxigène ne soit pas empêché ; en même temps, une plus grande quantité de force vitale devient naturellement disponible pour la production des effets mécaniques.

La respiration s'active par le refroidissement extérieur, et alors une plus grande quantité d'oxigène est introduite dans le sang, la consommation de substance augmente, et si les pertes ne sont pas réparées à l'aide des aliments, c'est-à-dire que si l'équilibre n'est point maintenu, la température diminue peu à peu dans le corps.

Or, l'organisme ne peut absorber, dans un temps donné, qu'une proportion limitée d'oxigène ; une quantité limitée seulement de parties vivantes peut donc se désorganiser, une quantité limitée seulement de force vitale peut agir comme force mécanique. Conséquemment la température du corps de l'animal ne pourra se maintenir au même degré qu'autant que le refroidissement, la production de force et l'absorption d'oxigène se tiennent réciproquement en équilibre. Lorsque la déperdition de chaleur vient à augmenter jusqu'à un certain point, les phénomènes vitaux diminuent dans le même rapport où diminue la chaleur, car celle-ci est une des conditions de leur manifestation.

L'expérience démontre que l'abaissement de température dans l'organisme est toujours suivi d'un affaiblissement dans les membres, dont on voit alors diminuer la faculté de produire des effets mécaniques, c'est-à-dire de développer la force nécessaire aux mouvements volontaires; peu à peu le sommeil s'établit, et finalement les mouvements involontaires (du cœur, des intestins) cessent eux-mêmes, de sorte qu'il en résulte une mort apparente.

Il est évident que la rénovation des tissus, cause de la production de force, doit se ralentir dans ces circonstances, parce que l'intensité de la force vitale diminue elle-même dès que la température s'abaisse, à peu près comme chez les plantes, lorsqu'on les prive de lumière. L'unité de force, développée par une partie organisée, dépend donc de sa température propre, et il existe à cet égard des relations semblables à celles qu'on observe, par exemple, dans la chute des corps, entre l'effet qu'ils produisent en tombant, leur masse et leur vitesse.

Ainsi l'abaissement de la température atténue l'activité vitale; son élévation, au contraire, rétablit d'une manière complète l'unité de force dans les parties vivantes.

134. Disons, pour nous résumer, qu'il existe un rapport déterminé entre la température, les efforts développés pour la production des effets mécaniques, et la quantité d'oxigène absorbée par l'organisme dans un temps donné.

Les quantités d'oxigène absorbées dans le même intervalle par une baleine et par un cheval sont extrêmement différentes; chez le dernier, cette quantité est la plus forte, mais aussi sa température est-elle bien plus élevée. Il faut nécessairement que l'effort développé par une baleine harponnée, dont le corps est porté par le milieu qui l'entoure, et l'effort d'un cheval de roulier qui traîne une forte charge, ainsi que son propre corps, pendant huit ou dix heures, soient dans un rapport direct avec la consommation d'oxigène effectuée par chacun de ces deux animaux. Si l'on tient compte du temps où cet effort se manifeste, il faut dire que chez le cheval il est le plus considérable.

Lorsqu'en gravissant de hautes montagnes, on respire un air fort raréfié, et que le sang reçoit moins d'oxigène qu'à temps égal dans une vallée ou au bord de la mer, la rénovation des tissus, et conséquemment, la possibilité des efforts diminuent et sont ordinairement suivis d'une propension au sommeil et d'une lassitude dans les membres; au bout de vingt ou de trente pas de marche, on est alors obligé de se reposer pour rassembler de nouvelles forces, en absorbant de l'oxigène sans l'employer immédiatement pour la production des mouvements volontaires.

En absorbant de l'oxigène, les parties vivantes se mortifient et sont éliminées à l'état de combinaisons désorganisées, mais tout l'oxigène absorbé par la respiration n'est point employé à cette métamorphose; la plus grande partie de cet élément sert, au contraire, à gazéifier et, par conséquent, à éloigner hors de l'économie les substances qui ne lui appar tiennent plus. De cette combustion résulte alors la chaleur propre à l'organisme vivant.

135. La calorification et la rénovation des tissus sont donc entre elles dans un rapport fort intime; toutefois il peut, dans l'économie, se produire de la chaleur sans aucune métamorphose des organes, mais celle-ci ne saurait guère s'accomplir sans le concours de l'oxigène.

Toutes les observations qui ont été faites prouvent qu'après l'ingestion de boissons spiritueuses, ni l'air exhalé par la respiration, ni la sueur, ni l'urine ne renferment aucune trace d'alcool; il est donc évident que les éléments de l'alcool se combinent, dans l'organisme même, avec l'oxigène, de manière que son carbonique est rejeté à l'état d'acide carbonique, et son hydrogène à l'état d'eau. L'oxigène qui détermine cette combustion est fourni nécessairement par le sang artériel, car la circulation est la seule voie par laquelle il puisse s'introduire dans l'économie. La vapeur d'alcool peut, en raison de sa volatilité et de la facilité avec laquelle elle pénètre toutes les membranes et tous les tissus animaux, se répandre en tout sens dans l'organisme. Si l'aptitude des éléments de l'alcool à se combiner avec l'oxigène n'était pas plus grande que celle des combinaisons produites par la métamorphose des tissus ou que celle de la substance des parties vivantes, les éléments de l'alcool ne pourraient pas s'unir à l'oxigène. Cela explique donc pourquoi l'usage de l'alcool peut arrêter dans certains organes le travail de la rénovation ; en effet, l'oxigène du sang artériel, au lieu de se combiner comme dans les circonstances normales avec les parties organisées, se porte sur les éléments de l'alcool, et alors une partie du sang artériel devient sang veineux sans que la substance des muscles prenne part à cette transformation. Aussi observe-t-on, après l'ingestion du vin, une augmentation de chaleur sans que pour cela une quantité correspondante de force mécanique devienne active.

Chez les femmes et les enfants qui ne sont pas habitués à l'usage du vin, une petite quantité de ce liquide détermine, au contraire, un affaiblissement dans la force nécessaire aux mouvements spontanés; la lassitude, la défaillance, la propension au sommeil annoncent alors évidemment une diminution dans la force nécessaire à la production des effets mécaniques, c'est-à-dire dans la métamorphose des tissus.

Certes, ces symptômes sont aussi en partie la suite d'une diminution dans la conductibilité des nerfs qui transmettent aux organes les mouvements spontanés, mais cela ne saurait avoir de l'influence sur la somme des efforts disponibles. La quantité de force ou d'effort que les conducteurs des mouvements spontanés ne peuvent plus propager, est prise par les conducteurs des mouvements involontaires pour être transmise au cœur, aux intestins. Dans ce cas, la circulation semble accélérée aux dépens de la force employée autrement pour les mouvements volontaires des membres, sans que, comme nous venons de le dire, l'oxidation de l'alcool engendre une plus grande quantité de force mécanique.

Ajoutons à cela que, chez les animaux hibernants, l'accroissement (l'une des principales manifestations de la vitalité) est complétement suspendu pendant leur engourdissement, pendant leur abstinence; chez quelques uns, la basse température et la diminution de vitalité qui en est la conséquence entraînent un état de mort apparente; chez d'autres, les mouvements involontaires continuent. Néanmoins ces animaux conservent une température indépendante de celle du milieu; ils continuent de respirer, l'oxigène s'absorbe pareillement et détermine la production de la chaleur et de la force. Mais aussi, avant leur sommeil d'hiver, on trouve chez ces animaux toutes les parties qui sont incapables de créer en elles-mêmes une résistance contre l'action de l'oxigène, et qui, comme les intestins et les membranes ne sont pas destinées à se métamorphoser, recouvertes de graisse, c'est-à-dire d'une matière chargée de remplir ce rôle.

Lors donc que, pendant ce sommeil, l'oxigène absorbé par la respiration ne se combine pas avec les parties organisées, mais avec les éléments de la graisse, ces parties ne seront pas éliminées, malgré l'emploi d'une certaine quantité de force pour l'entretien de la circulation. L'accroissement de la température détermine, au même degré, la faculté d'augmenter de masse; le mouvement du sang augmente en même temps que l'absorption de l'oxigène. Quelques uns de ces animaux maigrissent pendant leur sommeil d'hiver, d'autres seulement à leur réveil. La force qui est active dans les parties vivantes, chez les animaux hibernants, est exclusivement dépensée pour l'entretien des mouvements involontaires, car, pendant cet état, tous les mouvements spontanés sont entièrement supprimés.

D'un autre côté, il est bien connu qu'un excès de mouvement ou d'efforts peut, dans le seul but de produire des effets volontaires ou mécaniques, consommer toute la force disponible dans les parties vivantes d'une manière si complète, qu'il n'en reste plus pour les mouvements involontaires. Ainsi, par exemple, on peut traquer un cerf jusqu'à ce qu'il tombe mort, mais cela est impossible sans entraîner la métamorphose de tout son système musculaire, aussi sa chair n'est-elle alors pas mangeable. L'état de décomposition, effectuée par une énorme dépense de force et par une grande consommation d'oxigène, se continue même après la cessation de tous les phénomènes de mouvement, et la force vitale ne trouve plus, dans les parties organisées, aucune résistance contre les perturbations extérieures.

156. Quelque intime que soit la connexion que l'expérience établit entre les conditions pour la production de la chaleur et celles pour la production des effets mécaniques, il n'en est pas moins vrai que la calorification ne peut nullement être considérée comme l'unique cause de ces derniers.

L'observation démontre que l'économie animale ne renferme qu'une seule source de force mécanique : c'est le passage des parties vivantes à l'état de combinaisons privées de vie.

Partant de cette vérité, indépendante de toute théorie, nous pouvons considérer la vie animale comme étant déterminée par l'action réciproque de deux forces contraires, dont l'une serait la *cause de l'accroissement*, c'est-à-dire de la restitution des pertes, et l'autre la *cause du décroissement*, c'est-à-dire de la consommation de matière.

L'accroissement de la masse est effectuée dans les parties organisées par la *force vitale;* la manifestation de celle-ci dépend de la *chaleur* propre à chaque organe.

La cause de la consommation ou du décroissement, c'est l'*action chimique de l'oxigène*, dont la manifestation est la conséquence d'une déperdition de chaleur et de l'emploi de la force vitale à des effets mécaniques.

L'acte lui-même de cette consommation, nous l'avons appelé *métamorphose* ou *mutation des tissus ; il s'établit à la suite de l'absorption de l'oxigène par les parties vivantes, absorption qui n'a lieu que si la résistance opposée par la vitalité de ces parties à l'action chimique de l'oxigène est plus petite que cette action elle-même; dans ce cas, la faible résistance est la conséquence d'une déperdition de chaleur ou de l'emploi de la force active dans les parties organisées à des mouvements mécaniques.*

La combinaison de l'oxigène en dissolution dans le sang artériel avec tous les principes de l'organisme, qui ne résistent point à son action chimique, engendre la température nécessaire aux manifestations vitales.

157. Les rapports qui existent entre la consommation de l'oxigène, la métamorphose des parties et le dégagement de la chaleur conduisent aux règles suivantes :

Chaque proportion d'oxigène qui entre en combinaison dans l'organisme développe une proportion correspondante de chaleur.

La somme de force disponible pour les effets mécaniques est égale à la somme de force vitale propre à tous les tissus capables de se métamorphoser.

Lorsque, dans des temps égaux, il se consomme des quantités inégales d'oxigène, cela se manifeste par un développement inégal de chaleur et de force mécanique.

Une consommation inégale de force mécanique ou une production inégale de chaleur détermine l'absorption d'une quantité d'oxigène correspondante.

158. Pour que les parties vivantes puissent quitter l'état de vie, pour que l'oxigène puisse s'unir aux parties organiques ayant de l'affinité pour lui, *il leur faut du temps.*

Dans un temps donné, une quantité limitée seulement d'effets mécaniques peut être déterminée, une quantité limitée seulement de chaleur peut être mise en liberté.

Ce que les effets mécaniques gagnent en vitesse, ils le perdent en temps, c'est-à-dire que plus les mouvements sont rapides, plus la force s'épuise.

La somme de force mécanique produite, pour un temps donné, dans l'organisme animal, est égale à la somme de force nécessaire, pour le même intervalle, à la production des mouvements spontanés et des mouvements involontaires, c'est-à-dire que toute la force employée par le cœur, les intestins, etc., pour leurs mouvements, est perdue pour les mouvements volontaires.

139. La quantité de substance alimentaire azotée, indispensable pour rétablir l'équilibre entre la consommation et la réparation des pertes, est en raison directe de la quantité des tissus transmutés.

La quantité de partie organisée qui quitte l'état de vie, est, pour des températures égales, en raison directe des effets mécaniques produits dans le même temps.

La quantité des tissus transmutés dans un temps donné peut se mesurer par la proportion d'azote contenue dans l'urine.

La somme des effets mécaniques, produits à la même température par deux individus, est proportionnelle à la quantité d'azote contenue dans leur urine, n'importe que la force mécanique ait servi aux mouvements spontanés ou aux mouvements involontaires, qu'elle ait été consommée par les membres ou par le cœur et les intestins.

140. L'état désigné sous le nom de *santé* suppose un équilibre entre toutes les causes de consommation et de réparation ; la vie animale se manifeste conséquemment en vertu de l'action réciproque de ces deux espèces de causes : c'est une alternative de destruction et de rétablissement dans leur équilibre.

Dans les différents âges de la vie, la consommation et la restitution de la matière consommée varient quant à la masse ; toutefois, dans l'état de santé, la dose de vitalité disponible chez tout individu doit être considérée comme une quantité invariable, correspondant à la somme de ses parties vivantes.

A tout âge, l'accroissement de la masse est dans un rapport défini avec la quantité de force vitale employée comme agent moteur.

La quantité de force vitale, employée pour des effets mécaniques, est à défalquer de celle qui est, en général, disponible pour l'accroissement.

La force dépensée par l'économie pour vaincre des résistances, c'est-à-dire pour produire des *effets d'accroissement*, ne peut pas servir simultanément à la production des effets mécaniques.

D'où il résulte que si la réparation est plus grande, sous le rapport de la masse, que la consommation, comme, par exemple, dans l'enfance, les effets mécaniques doivent être aussi moindres, et cela dans le même rapport. L'augmentation des effets mécaniques diminue pareillement la faculté de l'accroissement ou la réparation des parties vivantes. Il n'y a donc équilibre parfait entre la dépense de force vitale pour les effets mécaniques et pour les effets d'accroissement que dans l'âge adulte ; la restitution de toutes les substances consommées est alors complète. Dans la vieillesse, au contraire, la consommation est plus forte, et dans l'enfance la réparation surpasse cette dernière.

141. La force employée par un homme adulte pour la production des effets mécaniques est ordinairement représentée, en mécanique, par le cinquième de son propre poids, cinquième qu'il peut mouvoir pendant huit heures avec une vitesse de cinq pieds dans deux secondes.

Admettons le poids d'un homme égal à 150 livres : sa force équivaudra à un poids de 30 livres qu'il porterait à une distance de 72,000 pieds. Pour chaque seconde, son unité de force sera de 30 × 2,5 = 75, et son unité de mouvement, pour la journée entière, de 30 × 72,000 = 21,600.

En rétablissant le poids de son corps, l'homme rassemble de nouveau une somme de force qui lui permet de produire le lendemain, sans s'épuiser, un pareil nombre d'effets mécaniques.

Or, cette restitution de force s'effectue dans un sommeil de sept heures.

Dans les usines de fer laminé, il arrive souvent que la machine n'est pas assez forte pour pousser une barre de fer d'une certaine épaisseur à travers le laminoir ; on se tire alors d'embarras en dirigeant toute la force de la vapeur sur le volant, puis, dès que cette roue a acquis une grande vitesse, on passe la barre entre les deux cylindres, et alors l'aplatissement s'opère avec facilité, tandis que le volant revient peu à peu à sa vitesse primitive. Ce que cette roue gagne en vitesse, le laminoir le gagne en force ; ainsi, par ce procédé, on augmente la force en augmentant la vitesse. Mais ce n'est pas dans ce sens que la force peut s'accumuler dans l'économie animale.

Là, la restitution de la force consommée s'effectue par la rénovation des parties éliminées et destinées à la production des effets, c'est-à-dire par l'emploi de la force vitale disponible pour produire des effets d'accroissement, et dès que les pertes sont ainsi réparées, l'organisme se trouve de nouveau en possession de la force dépensée par lui.

142. Il est évident que la force vitale qui se manifeste pendant le sommeil par des effets d'accroissement, doit être égale à la somme totale de force motrice dépensée pendant la veille pour tous les effets mécaniques, et de force nécessaire à l'entretien des mouvements involontaires qui se continuent pendant le sommeil.

L'homme qui travaille et qui se nourrit convenablement reçoit tous les jours, par un sommeil de sept heures, cette somme de force. Indépendamment de la force nécessaire aux mouvements involontaires, et qui est la même chez tous les individus, on peut admettre que la force mécanique employée au travail est en raison directe du nombre d'heures de sommeil.

L'homme adulte dort sept heures et en veille dix-sept ; au bout de vingt-quatre heures, lorsque *l'équilibre est rétabli*, les effets mécaniques manifestés dans les dix-sept heures de travail sont égaux aux effets d'accroissement produits dans les sept heures de sommeil.

Le vieillard n'a que 3 1/2 heures de sommeil, tout le reste étant supposé le même chez lui que chez l'adulte; le vieillard ne pourrait produire que la moitié des effets mécaniques qu'un adulte du même poids, il ne transporterait donc que quinze livres à la même distance.

Le nourrisson dort vingt heures et en veille quatre; la force dépensée dans son organisme pour la production des effets d'accroissement est à celle qui est employée pour le mouvement des membres, c'est-à-dire pour les effets mécaniques, comme 20 : 4; ses membres possèdent peu de force, car le nourrisson ne peut pas encore porter son propre corps. Admettons que le vieillard et le nourrisson dépensent pour les effets mécaniques une quantité de force correspondante à celle que l'homme adulte peut employer, les effets mécaniques seront en rapport avec le nombre des heures de veille, les effets d'accroissement avec celui des heures de sommeil, de sorte que nous aurons :

	DÉPENSE DE FORCE POUR		
	les effets mécaniques.		les effets d'accroissement.
chez l'adulte.	17	:	7
chez le nourrisson.	4	:	20
chez le vieillard.	20,5	:	5,5

Dans l'âge adulte, il y a équilibre parfait entre la dépense et la restitution ; chez le vieillard et chez le nourisson, au contraire, la restitution et la dépense sont différentes.

Mettons la dépense de force pendant les dix-sept heures de veille égale à celle qui est nécessaire pour le rétablissement de l'équilibre pendant le sommeil, c'est-à-dire 100 = 17 heures de veille = 7 heures de sommeil; nous aurons donc les rapports suivants :

Les effets mécaniques sont aux efforts d'accroissement :

chez l'adulte.	::	100	:	100
chez le nourrisson.	::	25	:	250
chez le vieillard.	::	125	:	50

L'accroissement est au décroissement :

chez l'adulte.	::	100	:	100
chez le nourrisson.	::	100	:	10
chez le vieillard.	::	100	:	250.

Il est évident, d'après cela, que si le vieillard exécute un travail proportionné aux heures de sommeil de l'adulte, la dépense chez ce vieillard sera plus forte que la restitution, c'est-à-dire que son corps maigrira rapidement s'il porte 15 livres à une distance de 72,000 avec une vitesse de 2 1/2 pieds par seconde; mais il pourra faire faire ce trajet à un fardeau de 6 livres.

Dans l'enfance, l'accroissement est au décroissement comme 10 : 1, et il faudrait donc, pour qu'il y eût équilibre entre la dépense et la restitution, augmenter du décuple la dépense de force pour les effets mécaniques; alors le corps de l'enfant, il est vrai, n'augmenterait pas de masse, mais il ne maigrirait pas non plus.

Si, chez l'adulte, la dépense pour les effets mécaniques va, dans l'espace de vingt-quatre heures, au delà de la quantité qui se répare dans les sept heures de sommeil, il faut, pour le rétablissement de l'équilibre, que dans les vingt-quatre heures suivantes, cet homme dépense, dans le même rapport, moins de force pour les effets mécaniques, autrement la masse de son corps diminue et acquiert trop tôt cet état qui caractérise la vieillesse.

Chaque heure de sommeil augmente chez le vieillard les forces à consommer, de manière à établir entre la dépense et la réparation un rapport qui se rapproche de l'équilibre que présente l'adulte.

Lorsqu'une partie de la force qui pourrait être dépensée pour les mouvements mécaniques, sans troubler l'équilibre, demeure sans emploi pour le mouvement des membres, le travail ou le transport d'un fardeau, elle peut être utilisée pour les mouvements involontaires.

Quand le mouvement du cœur, des intestins, des sucs (la circulation, la digestion) est activé dans le même rapport qu'il se dépense moins de force par les effets mécaniques, le poids du corps n'augmente ni ne diminue dans les vingt-quatre heures; le corps n'augmente de masse que si la force rassemblée pendant le sommeil, pour la production des effets mécaniques, n'est dépensée ni pour les mouvements spontanés, ni pour les mouvements involontaires.

143. Il faut bien remarquer que les valeurs numériques que nous venons d'admettre pour la dépense de force dans l'économie humaine ne se rapportent qu'à une température fixe et invariable; elles doivent nécessairement varier pour des températures différentes, ainsi que dans le cas d'une alimentation incomplète.

Lorsqu'on entoure de glace ou de neige une partie du corps, le reste étant maintenu dans les conditions ordinaires, le refroidissement détermine à cette partie une mutation de substances plus ou moins rapide. La résistance des parties vivantes contre l'action de l'oxigène est plus faible à la place refroidie que partout ailleurs, de sorte que le résultat est entièrement le même que si dans ces autres parties la résistance avait augmenté. Dans les places non refroidies l'unité de force de l'agent vital est employée, comme auparavant, à la production des mouvements mécaniques, mais l'action de l'oxigène absorbé se concentre tout entière sur la partie refroidie.

Concevons un cylindre de fer dans lequel nous faisons arriver de la vapeur d'une certaine tension ; si la force qui maintient ensemble les particules du fer est égale à la force qui tend à les séparer, il y aura équilibre, c'est-à-dire que l'effet de la vapeur sera entièrement neutralisé par la résistance du métal. Si, au contraire, l'une des parois du cylindre est mobile ; si elle est, par exemple, remplacée par un piston qui oppose moins de résistance que les autres parois à la pression exercée par la vapeur, toute la pression portera sur le piston de manière à le soulever. Il s'établira alors un équilibre, à moins qu'une nouvelle quantité de vapeur, c'est-à-dire de force, ne soit introduite dans le cylindre. La paroi supportera une certaine pression sans se mouvoir, une plus forte pression mettra le piston en mouvement; dès que cet excès de force sera épuisé par le mouvement, le piston ne se soulèvera plus davantage; par l'arrivée de nouvelle vapeur il continuera à se mouvoir.

De même, dans la place refroidie de l'organisme, les parties vivantes opposent moins de résistance à l'action de l'oxigène ; la faculté de cet élément de se combiner avec les éléments de ces parties se trouve donc exaltée dans cet endroit; la partie vivante une fois éliminée, toute résistance de sa part cesse, et par suite de cette combinaison de l'oxigène avec les parties mortifiées une plus grande quantité de chaleur devient libre.

La quantité de chaleur développée par une proportion déterminée d'oxigène est nécessairement toujours la même; mais à la partie refroidie les mutations, et conséquemment aussi la chaleur, augmentent; de même aux autres, le dégagement de chaleur diminue, puisque les mutations elles-mêmes y décroissent. Dès que, par la combinaison des parties éliminées avec l'oxigène, la place refroidie a repris sa température primitive, la résistance des parties vivantes contre un nouvel afflux d'oxigène prend plus d'intensité, et, comme cette résistance est devenue moindre dans toutes les autres parties non refroidies, il s'en suit aussi que dans ces dernières les mutations deviennent plus rapides et que la température s'y élève davantage; de sorte qu'ainsi, la cause des mutations persistant, une plus grande quantité de force vitale devient active pour la production des effets mécaniques.

Concevons enfin la chaleur enlevée à toute la surface du corps, l'action de l'oxigène se dirigera tout entière sur la peau, les mutations augmenteront en peu de temps dans tout l'organisme; la graisse et toutes les parties du corps susceptibles de se combiner avec l'oxigène, offert à elles en plus grande quantité, seront évacuées sous la forme de combinaisons oxigénées.

CHAPITRE IV.

THÉORIE DE LA MALADIE.

144. On appelle *principe morbide* toute matière, toute cause chimique ou mécanique qui trouble dans l'économie l'équilibre entre la dépense et la restitution, de manière à entraîner de nouvelles dépenses.

Il y a *maladie*, lorsque la somme de force vitale, qui s'oppose aux causes de perturbation, est moindre que la somme des forces perturbatrices et ne leur oppose par conséquent pas assez de résistance.

Dans la *mort*, toute résistance cesse de la part de l'agent vital. Tant que cet état ne s'est point établi, les parties vivantes présentent toujours une certaine résistance.

L'effet d'un principe morbide se manifeste à l'observateur par une disproportion entre la dépense et la restitution propres à chaque âge de la vie. Le médecin appelle maladie toute manifestation anormale de ces deux fonctions, soit dans une partie seulement de l'organisme, soit dans toute l'économie.

Un seul et même principe morbide peut évidemment, suivant les différents âges, produire des effets variés ; une cause de perturbation peut donc provoquer une maladie chez un adulte sans influer sur les manifestations vitales d'un enfant ou d'un vieillard. De même, un principe morbide peut, en augmentant la somme de la dépense, déterminer la mort chez un vieillard, c'est-à-dire anéantir en lui toute résistance vitale, tandis qu'elle amène pour l'âge mûr une simple maladie, une disproportion entre la dépense et la restitution, et pour l'enfance, au contraire, un état d'équilibre entre ces deux fonctions.

Un principe morbide qui augmente la restitution, soit d'une manière directe, soit en affaiblissant les effets de la dépense, détruit l'état de santé normale et relative dans l'enfance et dans l'âge mûr, tandis que dans la vieillesse il met les deux fonctions en équilibre.

Un enfant vêtu légèrement peut supporter un grand froid sans risque pour sa santé ; la force disponible dans son organisme pour les effets mécaniques augmente, ainsi que sa chaleur propre, par l'effet des mutations devenues plus rapides sous l'influence du froid. Une température élevée, au contraire, en entravant ces mutations, met en péril la santé de l'enfant.

Voyez, au contraire, les effets du froid sur les vieillards, dans les hospices et dans d'autres établissements de bienfaisance (à Bruxelles, etc.), lorsqu'en hiver la température s'abaisse inopinément dans les dortoirs de 2 ou de 3 degrés au dessous de la température supputée ; les plus âgés d'entre eux sont frappés de mort par ce faible refroidissement, et on les trouve tranquillement couchés dans leurs lits sans les moindres symptômes de maladie et même sans autres indices de mort.

145. Le manque de résistance d'une partie vivante contre les causes de dépense, c'est, bien entendu, son défaut de résistance contre l'oxigène atmosphérique.

Or, quand cette résistance diminue dans un organe, par l'effet d'une cause quelconque, les mutations s'accroissent dans le même rapport, et comme les phénomènes de mouvement dépendent précisément, dans l'économie animale, de ces mutations organiques, il est évident que, ces dernières étant activées, une accélération de tous les mouvements en devra être la conséquence. Suivant la conductibilité des nerfs toute la force disponible dans l'organisme se répartira alors, soit seulement sur les conducteurs des mouvements involontaires, soit sur tous les conducteurs ensemble.

Lors donc que, par l'effet de ces mutations, résultat d'un état morbide, il s'engendre une quantité de force plus grande qu'il n'en faut pour produire des mouvements normaux, cela entraîne une accélération dans la totalité ou dans une partie des mouvements involontaires, ainsi qu'une élévation de température dans la partie malade.

Cet état s'appelle *fièvre*.

Lorsque, par l'effet des mutations, la force se produit en excès, celle-ci, ne pouvant être consommée que par le mouvement, se communique aux appareils du mouvement volontaire.

Ce dernier état porte le nom de *paroxysme de la fièvre.*

La circulation du sang s'accélérant dans l'état fébrile, il s'en suit qu'une plus grande quantité de sang artériel, et conséquemment d'oxigène, arrive dans le même temps en contact avec la partie malade et avec toutes les autres; si la force, active dans les parties saines, ne change pas d'intensité, il faut alors que l'action de l'oxigène offert en sus s'exerce tout entière sur la partie malade.

Ainsi donc suivant qu'un seul organe ou qu'un appareil entier est malade, les mutations s'étendent sur l'organe seulement, ou sur tout l'appareil affecté.

146. Lorsque, dans les endroits malades et par suite de ces mutations, les éléments des tissus ou du sang donnent naissance à de nouveaux produits que les organes contigus à la partie malade ne peuvent point utiliser dans leurs propres fonctions vitales, ou qu'ils sont incapables de transporter ailleurs pour leur y faire subir des métamorphoses, ces produits éprouvent, à la place même de leur formation, une décomposition semblable à la putréfaction ou à la fermentation. Dans certains cas, le médecin opère alors la guérison en provoquant dans le voisinage de la partie malade ou à une autre place convenable, un état morbide artificiel, par l'application d'un vésicatoire, d'un sinapisme, d'un sé-

ton, etc.; il y détermine ainsi une perturbation particulière qui diminue la résistance opposée autrement par la force vitale. La guérison s'effectue si cette résistance est assez affaiblie pour que la perturbation artificielle puisse vaincre le principe morbide.

L'accélération des métamorphoses et l'élévation de la température dans la partie malade prouve que la résistance de l'activité vitale contre l'oxigène y est moindre que dans l'état de santé, mais cette résistance ne cesse complétement que par la mort. En l'affaiblissant d'une manière factice dans une autre partie de l'organisme, on ne rehausse pas directement, il est vrai, la résistance de la partie primitivement malade, mais on y diminue l'action chimique, cause des métamorphoses, en la détournant vers une place où l'on est parvenu à provoquer une résistance encore plus faible contre cette action de l'oxigène. La guérison n'est complète qu'autant que la résistance vitale et l'action chimique se mettent en équilibre dans la partie malade; celle-ci ne reprend, par conséquent, son état de santé primitive que si l'on réussit à atténuer l'influence délétère de l'oxigène assez pour qu'elle devienne moindre que celle de la force vitale, toujours existante, mais temporairement affaiblie. Cette condition est, du reste, générale pour l'accroissement de l'organisme vivant.

147. Lorsque ces perturbations extérieures, provoquées artificiellement, sont sans effet, le médecin, pour augmenter la résistance vitale, recourt à d'autres

moyens, indirects, et certainement aussi justes, aussi sages, que la meilleure théorie puisse les conseiller : il diminue par une saignée le nombre des mobiles de l'oxigène, et conséquemment il réduit les conditions indispensables à l'accomplissement des métamorphoses ; il exclut de la nourriture toutes les substances capables de se transformer en sang, ne permet qu'une nourriture non azotée qui entretienne la respiration, et ordonne l'usage du fruit ou de parties végétales renfermant les alcalis nécessaires aux sécrétions.

Le rétablissement du malade est certain, si le médecin parvient à dégager suffisamment l'organe malade de l'action de l'oxigène charrié par le sang, de manière à faire prédominer légèrement la vitalité de cet organe, sans arrêter les fonctions des autres organes.

Disons aussi que lorsqu'une pareille médication est appliquée avec habileté et discernement, la partie malade est en outre secourue par la force vitale des autres organes non atteints, car les saignées, l'exclusion des aliments propres à la sanguification affaiblissent aussi chez ces derniers la cause de perturbation qui contre-balançait leur vitalité, de sorte qu'alors l'activité vitale de ces organes s'accroît. Les métamorphoses diminuent ainsi, il est vrai, dans tout l'organisme, leur affaiblissement atténue en même temps tous les mouvements, mais aussi la somme des résistances vitales augmente au même degré que l'oxigène dissous dans le sang décroît. Cette augmentation de résistance se perçoit pour ainsi dire par la *sensation de la faim.* Chez les individus frappés d'inanition, cette prédominance de la vitalité se manifeste souvent par l'accroissement anormal ou par la décomposition extraordinaire de certaines parties de l'organisme.

La *sympathie* est la translation de l'affaiblissement de la résistance vitale dans une partie malade, non pas précisément sur l'organe contigu, mais sur d'autres organes dont les fonctions sont dans un certain rapport avec l'organe affecté. Lorsque les fonctions de ce dernier ont quelque corrélation avec celles d'un autre, lorsque, par exemple, l'un ne produit plus les matières indispensables aux fonctions vitales du second, l'état morbide se transporte aussi sur celui-ci d'une manière apparente.

Il faut considérer que la force vitale est entièrement sans conscience d'elle-même, qu'elle agit sans volonté, qu'un vésicatoire, par exemple, peut entièrement la modifier, qu'elle se comporte en un mot comme toutes les causes physiques, et l'on abandonnera certainement ces hypothèses que l'imagination se plaît à créer pour elle.

Les nerfs, ces médiateurs des mouvements spontanés et des mouvements involontaires dans l'économie animale, ne sont pas les générateurs, mais les conducteurs de la force vitale; ils propagent le mouvement, et en cela ils se comportent entièrement comme les autres causes motrices, dont les manifestations sont semblables à celles de la force vitale. Ainsi ils livrent passage au courant électrique, et présentent alors tous les phénomènes qui leur sont propres en qualité de conducteurs de la vitalité.

Certes, personne, dans l'état actuel de nos connaissances, ne confondra avec l'électricité la cause des phénomènes de mouvement dans l'économie animale; mais cela n'empêche pas d'admettre les effets thérapeutiques de l'électricité, ni ceux de l'aimant qui détermine, en contact avec l'organisme, le développement d'un courant électrique; car ce courant électrique, venant à s'ajouter à une cause motrice déjà existante dans l'organisme, devient pour celui-ci une nouvelle source de mouvement, de transformation, de décomposition, et son action ne peut certainement pas être considérée comme nulle.

148. Dans certaines maladies, les médecins emploient avec succès le froid pour accélérer et activer extraordinairement la mutation des tissus. Cela se fait notamment dans certains états pathologiques du centre des appareils moteurs, lorsque le cerveau présente les indices d'une décomposition anormale par une chaleur brûlante et par l'afflux du sang vers la tête. La persistance de cet état provoque, comme l'expérience l'a souvent prouvé, la cessation de tous les mouvements. En effet, les mutations se concentrant dans le cerveau, elles décroissent dans toutes les autres parties, et diminuent par cela même la production des forces. La glace abaisse la température de la partie malade, mais la cause du dégagement de chaleur continue d'agir; la résistance vitale est affaiblie,

la décomposition s'effectue dans un intervalle moins grand, et l'issue de la maladie est alors plus rapprochée. N'oublions pas que la glace fond et absorbe la chaleur de la partie malade ; si on l'éloigne avant le terme de la décomposition, la température élevée se rétablit ; la glace absorbe évidemment plus de chaleur qu'un mauvais conducteur dont on aurait enveloppé la tête ; conséquemment, par l'emploi de la glace, une plus grande quantité de chaleur devient libre dans le même temps, et le développement de cette chaleur n'est possible que par l'effet d'un excès d'oxigène, c'est-à-dire par l'effet d'une décomposition plus rapide.

149. Les phénomènes de l'économie animale se comparent très bien à la marche d'une machine à vapeur qui se régularise elle-même, et à laquelle le génie de l'homme a su, d'une manière vraiment admirable, imprimer un mouvement uniforme. On sait que, dans le conduit qui amène la vapeur au corps de pompe où le piston doit jouer, se trouve une clef par laquelle toute la vapeur est obligée de passer ; à l'aide d'un régulateur qui communique avec le volant, cette clef s'ouvre quand la roue tourne trop doucement, et se ferme plus ou moins quand elle tourne trop vite. En ouvrant le conduit d'arrivée de la vapeur, la même clef livre passage à plus de vapeur, c'est-à-dire à plus de force, de manière que le mouvement de la machine s'accélère ; en le fermant, elle arrête plus ou moins le jet de la vapeur, alors la

force qui agit sur le piston diminue, et la tension de la vapeur augmente dans la chaudière; la force de l'excès de vapeur est donc mise en réserve. Or, la tension de la vapeur, sa pression, est provoquée par une mutation de matière, c'est-à-dire par la combustion des charbons placés sous la chaudière. La force à dépenser s'accroît, la quantité et la tension de la vapeur augmentent en raison de la température du foyer, température qui elle-même est subordonnée à la quantité du charbon et à celle de l'oxigène mis en contact avec lui. Les machines possèdent aussi des systèmes particuliers pour régulariser aussi bien la tension de la vapeur que la combustion. La tension de la vapeur vient-elle à augmenter dans la chaudière, le registre de la cheminée se ferme, la combustion se ralentit, et alors la vapeur, c'est-à-dire la force, diminue; dès que la machine marche plus lentement, la vapeur devient plus abondante, le registre se rouvre et la cause du développement de chaleur augmente; enfin, à l'aide d'un autre système encore, le foyer est constamment alimenté de charbons. Ainsi, lorsque la température s'est abaissée dans un endroit quelconque de la chaudière, la tension de la vapeur diminue; cela se reconnait immédiatement aux régulateurs qui fonctionnent alors comme si l'on avait laissé échapper de la chaudière une certaine quantité de vapeur (de force); la clef du conduit d'arrivée s'ouvre, ainsi que le registre de la cheminée, et la machine se pourvoit elle-même d'une plus grande quantité de combustible.

Appliquons maintenant cet exemple à la production de la chaleur et de la force dans l'économie : lorsque la température extérieure s'abaisse, les inspirations augmentent, l'oxigène arrive dans le sang plus fréquemment et à un état plus dense, les métamorphoses des tissus s'activent ; si la température ne doit pas varier, il faut donc ingérer alors plus de substance alimentaire.

Il est presque inutile de rappeler que la vapeur comprimée, ne peut, pas plus que le courant électrique, être considérée comme la cause de la production de force dans l'économie.

150. La théorie que nous venons de développer conduit tout naturellement à cette conclusion, que lorsqu'un organe se trouve dans un état de maladie bien complet, cet état ne peut pas être dissipé par l'action chimique d'un médicament.

Dans l'organisme, les médicaments peuvent bien activer, ralentir ou arrêter une métamorphose anormale, mais ils ne lui rendent pas pour cela l'état de santé.

L'art de guérir consiste donc dans la connaissance des moyens propres à influencer la marche de la maladie, et à écarter toutes les causes perturbatrices dont les effets s'ajouteraient aux effets du principe morbide.

Une théorie n'est réellement utile qu'autant que ses principes s'appliquent avec discernement. Telle médication peut guérir un individu et donner la mort dans certaines maladies inflammatoires ; le traitement antiphlogistique, par exemple, s'applique avec succès aux personnes robustes et musculeuses, tandis qu'il aurait pour d'autres les conséquences les plus graves. Ne perdons pas de vue que le sang vivifiant offre toujours à l'organisme la condition la plus importante du rétablissement de l'équilibre, et que ce rétablissement exige toujours du temps ; le sang, en effet, est la cause primitive et essentielle des résistances vitales tant dans les parties malades que dans les organes non atteints.

Dans toutes les maladies, où la fièvre accompagne la formation de principes contagieux et d'exanthèmes, deux états morbides se développent simultanément; dans ces cas, le sang (la fièvre) réagit d'une manière salutaire et ramène peu à peu l'équilibre, car c'est lui qui transporte, dans toutes les parties de l'organisme, l'oxigène dont le concours est nécessaire pour détruire et faire évacuer les produits morbides.

CHAPITRE V.

THÉORIE DE LA RESPIRATION.

151. Lorsque le sang veineux traverse le poumon, les globules changent de couleur ; en même temps il absorbe de l'oxigène dans l'air, et exhale alors de l'acide carbonique, dont le volume est, dans la plupart des cas, égal au volume de l'oxigène absorbé.

Les globules du sang renferment une *combinaison de fer;* aucune autre partie vivante ne renferme de fer.

Quelles que soient les transformations subies dans le poumon par les autres parties du sang, il est certain que les globules du sang veineux y éprouvent un changement de couleur subordonné à l'action de l'oxigène.

D'un autre côté, on observe aussi que les globules du sang artériel conservent leur teinte dans les larges vaisseaux, et ne la perdent qu'en traversant les capillaires. Toutes les parties du sang veineux, capables de se combiner avec l'oxigène, s'emparent dans le poumon d'une proportion correspondante de ce gaz.

Des expériences faites sur le sérum démontrent

qu'en contact avec de l'oxigène pur, il n'en change pas sensiblement le volume. Le sang veineux mis en contact avec l'oxigène rougit en l'absorbant, et émet en même temps une quantité équivalente d'acide carbonique.

Il est évident, d'après cela, que le changement de couleur des globules provient de la combinaison d'un des principes du sang avec l'oxigène, et que cette absorption d'oxigène est accompagnée d'une élimination d'acide carbonique.

Mais ce n'est pas du sérum que cet acide carbonique est éliminé, car il n'a pas la propriété de dégager ce gaz quand on le met en contact avec l'oxigène. Le sang séparé des globules, c'est-à-dire le sérum, absorbe la moitié et même la totalité de son volume d'acide carbonique*; à la température ordinaire, il n'est point saturé de ce gaz.

Le sang artériel, abandonné à lui-même en dehors de l'organisme, éprouve une altération progressive, et de rouge qu'il était, devient noir; le sang rouge qui doit cette teinte aux globules, devient noir par l'acide carbonique; ce changement de nuance a lieu sur les globules. Le sang absorbe donc des gaz, qui autrement ne se dissolvent pas dans le sérum privé de globules; il est évident, d'après cela, que *les globules du sang possèdent la propriété de se combiner avec des gaz.*

* Voir l'article *Blut*, dans le *Handwœrterbuch der Chemie*, de MM. Poggendorff, Woehler et Liebig, t. I, p. 877.

Les globules changent de couleur dans différents gaz ; cela provient alors soit d'une combinaison, soit d'une décomposition.

L'hydrogène sulfuré les colore en vert foncé et les rend finalement noirs ; leur rougeur primitive ne se rétablit plus par le contact de l'oxigène ; il y a donc décomposition par l'hydrogène sulfuré.

Les globules noircis par l'acide carbonique rougissent, au contraire, par le contact de l'oxigène ; ils se comportent de la même manière avec le protoxide d'azote ; dans ces deux cas, il n'y a donc pas de décomposition. Ainsi, non seulement les globules ont la propriété d'entrer en combinaison avec certains gaz, mais en outre leur *combinaison avec l'acide carbonique est détruite par l'oxigène.* Cette combinaison oxigénée redevient noire en dehors de l'organisme, mais alors le contact de l'oxigène ne lui rend plus la teinte rouge.

152. Les globules du sang renferment une combinaison de fer. Ce métal ne manquant jamais dans le sang rouge, il faut en conclure qu'il est indispensable à la vie animale, et comme les globules eux-mêmes, ainsi qu'il résulte des expériences physiologiques, ne prennent aucune part dans le travail de la nutrition, il est évident qu'ils sont destinés à jouer un rôle particulier dans l'acte respiratoire.

La combinaison de fer contenue dans les globules sanguins se comporte comme une combinaison oxigénée de ce métal, car l'hydrogène sulfuré agit sur elle d'une manière décomposante, comme sur les oxides de fer et sur d'autres combinaisons ferrugineuses analogues. A la température ordinaire, les acides minéraux extraient l'oxide de fer du sang récent ou desséché.

La manière d'être des combinaisons ferrugineuses peut expliquer le rôle du fer dans la respiration; sous ce rapport, en effet, aucune autre combinaison métallique ne présente des caractères aussi remarquables.

Les combinaisons de protoxide de fer possèdent la propriété d'enlever l'oxigène à d'autres combinaisons oxigénées; de même, dans d'autres circonstances, les combinaisons de peroxide de fer cèdent de l'oxigène avec beaucoup de facilité.

Ainsi, par exemple, l'hydrate de peroxide de fer mis en contact avec des matières organiques exemptes de soufre, se convertit en carbonate de protoxide. Le carbonate de protoxide se décompose au contact de l'eau et de l'oxigène ; tout son acide carbonique est dégagé, et alors le protoxide lui-même, absorbant de l'oxigène, se transforme en hydrate de peroxide que les matières réductrices peuvent ramener de nouveau au minimum.

Les cyanures de fer présentent des caractères entièrement semblables. Le bleu de Prusse, entre autres, renferme tous les éléments organiques du corps des animaux; il contient, en effet, de l'hydrogène et de l'oxigène (de l'eau), du carbone et de l'azote (du cyanogène). Exposé à la lumière, il perd du cyanogène et blanchit; replacé dans l'ombre, il redevient bleu en attirant de l'oxigène.

En considérant l'ensemble de ces faits, on est conduit à admettre que les globules du sang artériel renferment une combinaison de fer saturée d'oxigène, et qui, dans le sang vivant, cède son oxigène en traversant les capillaires; la même chose a lieu lorsque le sang, placé en dehors de l'économie, commence à se décomposer, à se putréfier; alors la combinaison riche en oxigène cède une partie de cet élément, se réduit et passe à l'état d'une combinaison moins oxigénée. Un des produits d'oxidation qui se forme dans ces circonstances, c'est l'acide carbonique. Or, la combinaison de fer du sang veineux a la faculté de se combiner avec l'acide carbonique; il est évident, d'après cela, que les globules du sang artériel, après avoir cédé une partie de leur oxigène, doivent, en rencontrant alors de l'acide carbonique, se combiner avec ce gaz.

Arrivés dans le poumon, ils réabsorbent l'oxigène qu'ils avaient dégagé; chaque volume d'oxigène déplace alors un volume égal d'acide carbonique, et de cette manière les globules, reprenant leur état primitif, acquièrent de nouveau la faculté de céder de l'oxigène.

Comme l'acide carbonique contient un volume d'oxigène égal au sien, sans condensation, il ne pourra donc se former ni plus ni moins d'un volume d'acide carbonique, pour chaque volume d'oxigène que les globules sanguins sont dans le cas de céder; chaque volume d'oxigène pouvant être absorbé par ces globules ne déplacera, par conséquent, pas plus d'acide carbonique qu'il ne pourrait s'en produire par ce volume d'oxigène.

Lorsque le carbonate de protoxide de fer passe à l'état de peroxide en absorbant de l'oxigène, il s'en sépare, pour chaque volume d'oxigène nécessaire à cette transformation, quatre volumes d'acide carbonique. Un volume d'oxigène ne donne jamais plus d'un volume d'acide carbonique, il ne peut donc pas se dégager une plus grande quantité de ce dernier gaz. Mais la combinaison, privée de son oxigène, doit avoir la propriété d'absorber encore de l'acide carbonique, et nous voyons, en effet, que le sang n'est jamais, dans aucun moment de la vie, saturé d'acide carbonique, il peut, sans troubler les fonctions des globules, fixer, outre l'acide carbonique qu'il renferme déjà, une portion bien plus considérable de ce gaz. L'ingestion des vins mousseux, de la bière, des eaux minérales détermine nécessairement l'exhalation d'une plus grande quantité d'acide carbonique. Dans d'autres cas, où l'oxigène des globules ne sert pas à la formation de l'acide carbonique, il ne s'exhale qu'une quantité d'acide carbonique correspondante à celle qui a été produite, comme par exemple, après l'ingestion de la graisse, des vins non mousseux.

Disons donc, pour nous résumer, que les globules du sang artériel, en traversant les capillaires, cèdent de l'oxigène à certains principes de l'organisme. Une petite portion de cet oxigène sert à déterminer la métamorphose des tissus, à provoquer l'évacuation de certaines parties de l'organisme, et intervient dans la formation des sécrétions ; la plus grande partie de cet oxigène est employée à brûler les substances qui ont quitté l'état de vie.

Pendant qu'ils cheminent vers le cœur, les globules qui ont cédé leur oxigène, se combinent avec l'acide carbonique pour former du sang veineux, et l'échange de ce gaz se fait de nouveau dans les poumons. La combinaison ferrugineuse et organique du sang veineux y reprend alors l'oxigène qu'elle avait lâché, et cette réabsorption de l'oxigène entraîne l'élimination de tout l'acide carbonique combiné avec lui.

Toutes les matières contenues dans le sang veineux et offrant de l'affinité pour l'oxigène, se transforment dans le poumon, de même que les globules du sang, en combinaisons plus oxigénées : il en résulte une certaine quantité d'acide carbonique dont une portion reste toujours en dissolution dans le sérum.

La quantité de l'acide carbonique dissous dans le sang (ou uni à la soude) doit être la même dans les deux espèces de sang, puisque toutes deux présentent une température égale ; mais le sang artériel, abandonné à lui-même, renferme, au bout de quelque temps, plus d'acide carbonique que le sang veineux, puisque, dans le premier, l'oxigène qu'il a absorbé sert alors à produire de l'acide carbonique.

153. Il s'opère donc, dans l'économie animale, deux travaux d'oxidation : l'un, qui a son siége dans

le poumon et y maintient une température constante, malgré le refroidissement et l'évaporation extrêmes auxquels cet organe est sujet; l'autre entretient la chaleur dans le reste de l'organisme.

Un homme qui exhale par jour 434 grammes de carbone, sous forme d'acide carbonique, consommera dans vingt-quatre heures 1156 grammes d'oxigène occupant un espace de 807 litres. Si l'on admet 18 inspirations par minute, cela fera dans vingt-quatre heures 25920 inspirations, et, pour chacune d'elles, $\frac{807}{25920} = 0,031$ de litre d'oxigène absorbé par le sang.

Chaque minute, $18 \times 0^{l},031 = 0^{l},558$ d'oxigène se fixent sur les principes du sang; cette quantité de gaz pèse environ 802 milligrammes.

Or, admettons en outre que 5 kilogrammes de sang traversent le poumon par minute *, et occupent un espace de 5 litres; chaque centilitre d'oxigène se combinera sensiblement avec neuf centilitres de sang.

Suivant les expériences de MM. Denis, Richardson, Nasse **, 10000 parties de *sang* renferment 8 parties d'oxide de fer; 5 kilogrammes de sang contiendront, à l'état artériel, 4117 milligrammes de peroxide de fer et, à l'état veineux, 3689 milligrammes de protoxide de fer.

Si le fer est véritablement contenu sous forme de

* Müller, *Physiologie*, t. I, 345.

** *Handwœrterbuch der Physiologie*, t. I, 138.

protoxide dans le sang veineux, et sous celle de peroxide dans le sang artériel, 5689 milligrammes de protoxide, en traversant le poumon, absorberont, dans une minute, 428 milligrammes d'oxigène ; or, comme 8 kilogrammes de sang absorbent, pendant ce temps, 802 milligrammes d'oxigène, ceux-ci en fourniront, par conséquent, aux autres parties du sang 802—428 = 574 milligrammes.

5689 milligrammes de protoxide de fer se combinent avec 2528 milligrammes d'acide carbonique occupant un volume de 1,15 litre. Il est donc évident que la portion de fer contenue dans le sang suffit, si on l'envisage comme y étant à l'état de protoxide, pour devenir le mobile du double de la quantité d'acide carbonique qui peut en général s'engendrer par l'oxigène absorbé dans la respiration.

154. L'hypothèse que nous venons de développer est fondée sur l'observation et explique parfaitement le travail respiratoire en tant qu'il dépend des globules du sang ; elle n'exclut pas l'opinion que l'acide carbonique arrive encore par d'autres voies dans le poumon, et que certains autres principes du sang peuvent dans le poumon donner naissance à de l'acide carbonique. Mais tout cela n'a aucun rapport avec le travail vital par lequel il s'engendre dans toutes les parties de l'organisme la chaleur nécessaire à son existence. C'est là la seule question qui mérite, pour le moment, d'être soumise à des investigations ; quant à la coloration rouge que le salpètre,

le sel marin, etc., occasionnent dans le sang foncé, la question, sans être dénuée d'intérêt, ne présente aucun rapport avec le travail de la respiration.

L'action redoutable de l'hydrogène sulfuré, de l'acide prussique, qui, simplement respirés, arrêtent dans l'espace de quelques secondes tous les phénomènes vitaux de l'organisme, s'explique d'une manière fort naturelle si l'on considère l'ensemble des modifications éprouvées par les combinaisons de fer en présence des alcalis, qui, comme on le sait, ne manquent pas dans le sang. En effet, si ces agents délétères font perdre aux globules du sang la propriété d'absorber l'oxigène, de le céder de nouveau et de transporter l'acide carbonique produit, cela doit se manifester immédiatement par un changement dans la température et dans les mouvements de l'organisme; car ces agents s'opposent à la mutation des tissus, sans que les mouvements eux-mêmes soient par là immédiatement arrêtés. Les conducteurs continuent de communiquer au cœur et aux intestins la force nécessaire à leurs fonctions et développée par le système musculaire; mais il ne s'effectue plus d'éliminations dans les tissus; la sécrétion de la bile et de l'urine s'arrête, la température s'abaisse dans tout le corps. Cet état met un terme à la nutrition, la mort s'ensuit plus ou moins promptement, et, chose fort remarquable, sans être accompagnée de fièvre.

Cet exemple occasionnera peut-être quelques recherches sur le sang dans différents états pathologiques analogues à ceux dont je viens de parler; en effet, le rôle des globules du sang s'éclaircirait entièrement si l'on parvenait, à l'aide de réactifs convenables, à observer en eux des différences de forme, de texture ou de composition.

Si l'on considère la force qui provoque les phénomènes vitaux comme étant une propriété inhérente à certaines matières, cela conduit tout naturellement à une théorie plus rigoureuse pour expliquer certains phénomènes mystérieux que ces mêmes matières présentent lorsqu'elles n'appartiennent à l'organisme vivant.

DOCUMENTS ANALYTIQUES

DOCUMENTS ANALYTIQUES *.

OBSERVATIONS PRÉLIMINAIRES.

Les chimistes ont abandonné depuis longtemps la manière d'exprimer les différences dans la composition des corps, d'après laquelle on compare entre elles leurs proportions centésimales, car elle ne permet pas de saisir les relations qui existent entre deux ou plusieurs combinaisons. Voici, comme preuve de ce fait, la composition de l'acide acétique et de l'aldéhyde, de l'essence d'amandes amères et de l'acide benzoïque.

	Acide acétique.	Aldéhyde †.
Carbone.	40,00	55,024
Hydrogène.	6,67	8,983
Oxigène.	53,33	35,993

* Toutes les analyses marquées d'une croix † ont été exécutées au laboratoire de chimie de Giessen.

	Acide benzoïque †.	Ess. d'amand. amères †.
Carbone.	69,25	79,59
Hydrogène.	4,86	5,56
Oxigène.	25,89	14,88

Or, par l'oxidation, l'aldéhyde se transforme en acide acétique et l'essence d'amandes amères en acide benzoïque, sans que rien change d'ailleurs dans les autres éléments. Ces relations ne se reconnaissent pas en comparant entre eux les rapports numériques, mais si l'on exprime par des formules la composition de ces substances, elles deviennent sensibles même pour les personnes qui, pour toute notion chimique, savent que C désigne un équivalent de carbone, H un équivalent d'hydrogène, N un équivalent d'azote et O un équivalent d'oxigène.

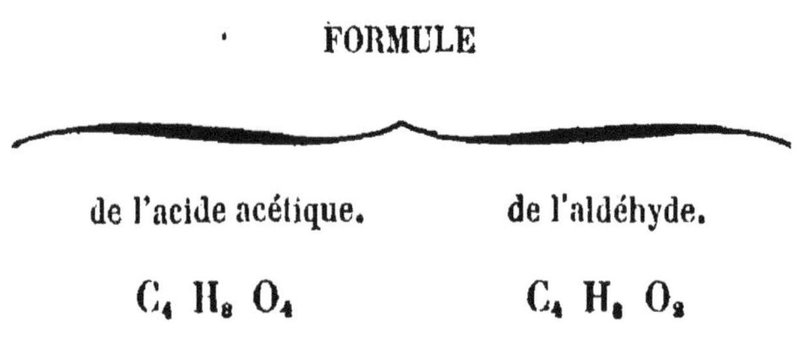
FORMULE

de l'acide acétique.	de l'aldéhyde.
$C_4\ H_8\ O_4$	$C_4\ H_8\ O_2$

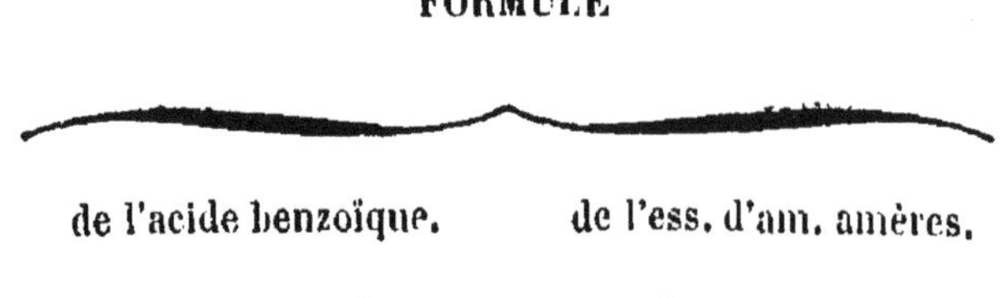
FORMULE

de l'acide benzoïque.	de l'ess. d'am. amères.
$C_{14}\ H_{12}\ O_4$	$C_{14}\ H_{12}\ O_2$

Ces formules sont l'expression exacte d'analyses qui, si l'on veut, se rapportent à des quantités invariables de carbone ; elles font voir que l'acide acétique et l'aldéhyde, l'acide benzoïque et l'essence d'amandes amères ne diffèrent que par la proportion d'oxigène, les autres éléments s'y trouvant dans les mêmes proportions.

Les formules que voici se conçoivent tout aussi facilement :

Cyamélide.

$$C_6\ N_6\ H_6\ O_6$$

1 at. d'acide cyanurique.

$$Cy_6\ (= C_6\ N_6)\ O_3 + 3\ H_2\ O = \text{Somme}\ C_6\ N_6\ H_6\ O_6$$

3 at. d'acide cyanique hydraté.

$$3\ (Cy_2\ O + H_2\ O) = \text{Somme}\ C_6\ N_6\ H_6\ O_6$$

La première formule est ce qu'on appelle une formule empirique, qui exprime, il est vrai, la proportion relative des éléments, mais sans indiquer dans quel ordre ils sont combinés. D'après la seconde, on voit que 6 atomes de cyanogène ou 6 atomes d'azote et 6 atomes de carbone se sont réunis pour former *un* atome composé, qui, en se combinant avec 3 atomes d'oxigène et 3 atomes d'eau, produit de l'acide cyanurique ; enfin la dernière formule exprime le mode de groupement des atomes dans l'acide cyanique hydraté, pris trois fois ; le même nombre d'éléments que dans l'acide cyanurique y sont combinés pour produire 3 atomes d'acide cyanique hydraté.

Ce n'est pas ici l'endroit d'expliquer comment on calcule la formule d'un corps à l'aide de sa composition en centièmes ; il suffira d'indiquer comment on convertit une formule en composition centésimale. Il faut, pour cela, savoir que C signifie un poids de 76,437 carbone *, H 6,239 hydrogène, N 88,52 azote et O 100 oxigène.

Ainsi la formule de la protéine C_{48} N_{12} H_{72} O_{14} veut dire :

48 fois	76,437	=	3668,88	carbone.
12 —	88,052	=	1062,24	azote.
72 —	6,239	=	449,26	hydrogène.
14 —	100,000	=	1400,00	oxigène.
Total, un poids de			6580,38	protéine.

			en 100 parties.
6580,38	p. de protéine renferment	3668,88 carbone	— 55,742
6580,38	—	1062,24 azote	— 16,143
6580,38	—	449,26 hydrog.	— 6,827
6580,38	—	1400,00 oxigène	— 21,288
			100,000

* D'après les nouvelles déterminations, ce poids est de 75,8 ou de 75, différence qui n'influe pas sur les formules rapportées plus bas, toutes ayant été calculées avec le nombre 76,437.

I

Consommation d'oxigène par un adulte.

	UN ADULTE				
	consomme en oxigène dans 24 heures		produit en acide carb. dans 24 heures		Carbone contenu dans l'acide carboniq. en grains.
	pouces de V.	*grains.*	*pouces de V.*	*grains.*	
Lavoisier et Séguin.	46037	15661	14930	8584	2820 franç.
Menzies.	51480	17625			angl.
Davy.	45504	15751	31680	17811	4853 angl.
Allen et Pepys.	39600	13464	39600	18612	5148 angl.

II

Composition du sang (Voir Doc. XXIX).

	dans 100 parties.	dans 4, 8 livres = 36864 grains.
Carbone.	51,96	19154,5
Hydrogène.	7,25	2672,7
Azote.	15,07	5555,4
Oxigène.	21,30	7852,0
Cendres.	4,42	1629,4
	100,000	36864,0

grains.		grains.		
19154,5 de carbone forment, avec		50539,5	d'oxigène, de l'acide carboniq.	
2472,7 d'hydrogène	—	21415,8	—	de l'eau.
	Total.	71955,3	d'oxigène.	
A déduire l'oxigène préexistant.		7852,0		
	Restent...	64103,3	grains.	

Restent donc 64103,3 grains d'oxigène nécessaires à la combustion complète de 4,8 livres (2, 4 kilogrammes) de sang.

Dans ce calcul a admis que 24 livres de sang donnent un résidu sec de 4,8 livres ou de 50 pour cent.

III

Quantité de carbone exhalée par la respiration.

Fécès.

2,336 de fécès secs ont laissé 0,320 cendres (13,58 p. c.).

0,332 de fécès ont donné 0,376 acide carbonique et 0,218 eau.

Lentilles.

0,366 de lentilles séchées à 100° ont donné 0,910 acide carbonique et 0,336 eau.

Pois.

1,060 ont laissé 0,037 cendres.

0,416 ont donné 0,642 acide carbonique et 0,241 eau.

Pommes de terre.

0,443 de pommes de terre sèches ont donné 0,704 acide carbonique et 0,248 eau.

Pain bis.

0,502 de pain bis sec ont donné 0,496 acide carbonique et 0,175 eau.

0,241 de pain bis sec ont donné 0,393 acide carbonique et 0,142 eau.

COMPOSITION *

	des fécès.	du pain bis.		des pommes de terre.	
	PLAYFAIR †.	BOECKMANN †.		BOUSSINGAULT.	BOECKMANN †
Carbone.	45,24	45,09	45,41	44,1	43,944
Hydrogène.	6,88	6,54	6,45	5,8	6,222
Azote. / Oxigène.	34,73	35,12	34,89	45,1	44,919
Cendres.	13,15	3,25	3,25	5,0	4,915
	100,00	100,00	100,00	100,0	100,000
Eau.	300				
	400,00				

* Composition de la viande, voir *Doc.* XXIX.

	COMPOSITION		
	des pois.	des lentilles.	des haricots.
	PLAYFAIR †.	PLAYFAIR †.	PLAYFAIR †.
Carbone.	35,743	37,38	38,24
Hydrogène.	5,401	5,54	5,84
Azote. } Oxigène. }	39,366	37,98	38,10
Cendres.	3,490	3,20	3,71
Eau.	16,000	15,90	14,11
	100,000	100,000	100,00

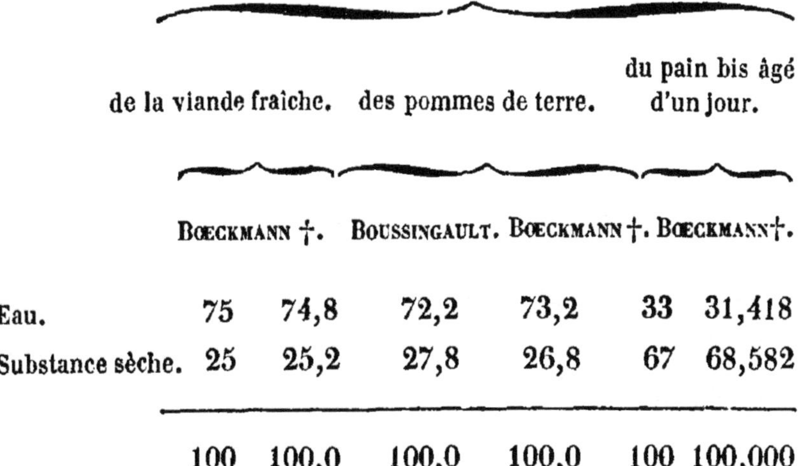

	COMPOSITION					
	de la viande fraîche.		des pommes de terre.		du pain bis âgé d'un jour.	
	BŒCKMANN †.		BOUSSINGAULT.	BŒCKMANN †.	BŒCKMANN †.	
Eau.	75	74,8	72,2	73,2	33	31,418
Substance sèche.	25	25,2	27,8	26,8	67	68,582
	100	100,0	100,0	100,0	100	100,000

ÉVALUATION

de la quantité de carbone exhalée par un homme adulte.

Viande. La chair musculaire, dépourvue de graisse et contenant 74 pour cent d'eau, ainsi que 26 pour cent de substance solide, renferme 13,6 pour cent de carbone. La viande ordinaire renferme de la chair musculaire, du tissu cellulaire et de la graisse ; ces deux dernières substances font environ le 1/7 du poids de la viande de boucherie.

Il a été consommé 8896 loth de viande ainsi composée * :

		Carbone.
7625 l.	de chair musculaire sans graisse renferment	1037 loth.
1271 l.	de tissu cellulaire et graisse renferment	898
8896	Total, en carbone	1935 loth.

La viande achetée à la boucherie contient, y compris les os, 29 pour cent de substance solide ; 278 livres de viande renferment 28 livres d'os secs. On n'a pas porté ces derniers en compte, bien qu'ils don-

* 64 loth ou demi-onces valent un kilogramme.

nent par la cuisson 8 à 10 pour cent de gélatine, qui y entre comme partie alimentaire.

Graisse. Il a été consommé 112 loth de graisse, qui renferment 80 pour cent de carbone, donnant un total de 89,6 loth.

Légumineuses. Ont été consommés en outre: 107 loth de lentilles, 436 loth de haricots et 371 loth de pois, total 914 loth; ces graines renferment 37 pour cent de charbon; cela fait un total de 338,2 loth de carbone.

Pommes de terre. 100 parties de pommes de terres fraîches renferment 12,2 parties de carbone; il y a donc 3873,7 carbone dans les 31702 loth qui ont été consommés.

Pain. 855 hommes mangent par jour 855 × 64 loth de pain de munition, plus 36 livres de pain blanc, cela fait un total de 55872 loth. 100 loth de pain frais renferment, terme moyen, 30,15 loth de carbone; le pain consommé renfermait par conséquent en tout 17543 loth de carbone.

RÉCAPITULATION.

Viande.	1935	loth de carbone.
Graisse.	89,6	
Haricots, pois, lentilles. . .	338,2	
Pommes de terre.	3873,7	
Pain.	17543,0	
855 hommes consomment par jour	23779,5	loth de carbone.
Conséquemment un homme consomme	27,8	loth de carbone.

Les fécès d'un soldat pèsent 11 loth ; ils renferment, eau comprise, 11 pour cent de carbone. Pour 86 kreutzer on a environ 172 livres de légumes, choux, navets, carottes, etc. 25 maas de choux-croûte pèsent 100 livres. Pour 48 1/2 kreutzer on donne au marché, en fait d'oignons, céleri, fines herbes, un poids moyen de 24 1/4 livres. 855 hommes consomment par conséquent :

Légumes verts. . . .	5604	loth.
Choux-croûte. . . .	3200	
Oignons, etc. . . .	776	
	9580	loth.
Donc un homme consomme par jour	11,2	loth.

On a supposé le carbone des légumes égal au carbone des fécès. Les aliments pris au cabaret, tels que bière, eau-de-vie, saucisse, n'ont pas été portés en compte.

Les calculs précédents se rapportent à l'ordinaire de 855 soldats casernés, dont la nourriture (pain, pommes de terre, viande, lentilles, pois, haricots, etc., y compris le poivre, le sel, le beurre,) fut pesée tous les jours pendant un mois avec beaucoup d'exactitude, et soumise à l'analyse élémentaire. (*Voyez* le tableau.) La consommation était la même pour tous, sauf pour trois chasseurs qui recevaient chaque jour de prêt, outre la ration d'ordonnance

(2 livres par jour), un demi-pain (2 1/2 livres) de plus, et pour un tambour qui avait un demi-pain de reste.

Suivant une évaluation approximative du sergent-major, chaque soldat consomme par jour, terme moyen, 6 loth de saucisse, 1 1/2 loth de beurre, 1/2 schoppen * de bière et 1/10 schoppen d'eau-de-vie, dont le carbone est plus que double de celui des fécès et de l'urine ensemble. Les fécès d'un soldat pèsent environ 11 loth; ils renferment 75 pour cent d'eau; le résidu sec contient 45,24 p. c. de carbone et 15,15 p. c. de cendres; 100 p. c. de fécès secs renferment conséquemment 11,31 carbone, c'est-à-dire sensiblement autant qu'un poids égal de viande.

* 1 schoppen = 0,5 litre.

Compagnie de la garde grand-ducale de Hesse-Darmstadt (ordinaire du mois de novembre 1840).

340 ...mbre.	Nombre d'hommes.	*Bœuf* ℔ (livres).	*Porc* ℔ (livres).	*Pommes de terre* (kumpf*).	*Pois* gescheid†	*Haricots* gesch.	*Lentilles* gesch.	*Choux-croûte* (maas).	*Légumes.* (kreutz).	*Pain* (livres).	*Sel* (livres).	*Oignons et herbages* (kreutz).	*Poivre* (kreutz).	*Graisse* (loth).	*Vinaig...* (schop...
1 au 5	139	36	9	12	1 1/2	1	—	5	6	5	4 1/2	8	2 1/2	26 2/3	—
6-10	145	37	9	13 1/2	—	—	—	4	35	7 1/2	5	6 1/2	2 1/2	21 1/3	—
11-15	136	36	9	12 1/2	—	1	—	4	21	7 1/2	4 1/2	7	2	16	—
16-20	136	37	9	14 1/2	1	1	—	4	6	6	4 1/2	8 1/2	3 1/2	26 2/3	—
			saucisse.												
21-25	147	39	7 1/2	14	—	—	1	—	18	7 1/2	5 1/2	11	2 1/2	10 2/3	1 ...
26-30	152	30	19 1/2	14 1/2	1	1	—	8	—	2 1/2	4	7 1/2	2 1/2	10 2/3	—
TOTAL.	855	215	63	81	3 1/2	4	1	25	86	36	28	48 1/2	15 1/2	112	1 ...
...2 hommes mangent — par mois		7 31/57 liv.	2 12/57 liv.	2 48/57	7/57	8/57	2/57	50/57	3 1/57	1 15/57	56/57	1 40/57	31/57	3 159/171	3/5 ...
— par jour		8 8/171 lot.	2 306/855 lot	81/855	87/1710	4/855	1/855	5/171	86/855	36/855	28/855	97/1710	31/1710	112/855	5/1...
...homme ...oit par jour		10 346/855 loth.													

* 1 kumpf de pommes de terre pèse 12 livres 8 loth.

† 1 gescheid de haricots pèse 3 livres 15 loth.
1 gescheid de lentilles pèse 3 livres 11 loth.
1 gescheid de pois pèse 3 livres 10 loth.

IV

Nourriture et excréments d'un cheval et d'une vache.

CONSOMMATION D'UN CHEVAL DANS 24 HEURES.

Aliments.	*Poids à l'état humide.*	*Poids à l'état sec.*	*Carbone.*	*Hydrog.*	*Oxigène.*	*Azote.*	*Sels et terres.*
Foin.	7500	6465	2961,0	323,2	2502,0	97,0	581,8
Avoine.	2270	1927	977,0	123,3	707,2	42,4	77,1
Eau.	16000	—	—	—	—	—	13,3
TOTAL.	25770	8392	3938,0	446,5	3209,2	139,4	672,2

PRODUITS D'UN CHEVAL DANS 24 HEURES *.

Produits.	*Poids à l'état humide.*	*Poids à l'état sec.*	*Carbone.*	*Hydrog.*	*Oxigène.*	*Azote.*	*Sels et terres.*
Urine.	1330	302	108,7	11,5	34,1	37,8	109,9
Excrémens	14250	3525	1364,4	179,8	1328,9	77,6	574,6
TOTAL.	15580	3827	1472,9	191,3	1363,0	115,4	684,5
Total du tableau précédent.	25770	8392	3938,0	446,5	3209,2	139,4	672,2
Différence.	10190	4565	2465,1	255,2	1846,2	24,0	12,3
Sens de la différence.	—	—	—	—	—	—	+

CONSOMMATION D'UNE VACHE DANS 24 HEURES.

Aliments.	*Poids à l'état humide.*	*Poids à l'état sec.*	*Carbone.*	*Hydrog.*	*Oxigène.*	*Azote.*	*Sels et terres.*
Pommes de terre.	15000	4170	1839,0	241,9	1830,6	50,0	208,5
Regain.	7500	6315	2974,4	353,6	2204,0	151,5	631,5
Eau.	60000	—	—	—	—	—	50,0
TOTAL.	82500	10485	4813,4	595,5	4034,6	201,5	889,0

* *Annales de Chimie et de Physique*, LXX, 136.

PRODUITS D'UNE VACHE DANS 24 HEURES*.

Produits.	*Poids à l'état humide.*	*Poids à l'état sec.*	*Carbone.*	*Hydrog.*	*Oxigène.*	*Azote.*	*Sels et terres.*
Excrémens	28413	4000,0	1712,0	208,0	1508,0	92,0	480,0
Urine.	8200	960,8	261,4	25,0	253,7	36,5	384,2
Lait.	8539	1150,6	628,2	99,0	321,0	46,0	56,4
TOTAL.	45152	6111,4	2601,6	332,0	2082,7	174,5	920,6
Total du tableau précédent.	82500	10485,0	4813,4	595,5	4034,6	201 5	889,0
Différence.	37348	4374,6	2211,8	263,5	1951,9	27,0	31,6
Sens de la différence.	—	—	—	—	—	—	+

* *Annales de Chimie et de Physique*, LXX, 136.

V

Température et mouvement du sang.

Suivant MM. Prévost et Dumas :

Sang de	Température moyenne.	Nombre des pulsations par minute.	Nombre des inspirations par minute.
Pigeon.	42° C	136	34
Poule.	41,5	140	30
Canard.	42,5	170	21
Corbeau.	42,5	110	21
Alouette.	44,0	200	22
Simia Callitriche. .	35,5	90	30
Cochon d'Inde. . .	38,0	140	36
Chien.	37,4	90	28
Chat.	38,5	100	24
Chèvre.	39,2	84	24
Lièvre.	38,0	120	36
Cheval.	36,8	56	16
Homme.	37,0	72	18
Homme (J. L.). . .	36,5 †	65	17
Femme (J. L.). . .	36,8	60	15

Température de l'enfant 39°.

La chaleur de l'homme s'élève, dans les parties intérieures les plus accessibles, comme dans la bouche, le rectum, à 29,20 — 29,60° R = 36,5° — 37° c.

La chaleur du sang (Magendie) est de 30,5 — 31° R. = 38,1 — 38,7° c.

Page 21, on a pris 37,5° c. pour température moyenne.

VI

Nourriture des prisonniers.

Les prisonniers de la maison d'arrêt de Giessen reçoivent par jour 1 1/2 livre de pain (48 loth), contenant 14 1/2 loth de carbone. On leur donne en outre 1 livre de soupe et, tous les deux jours, 1 livre de pommes de terre.

1 ½	livre de pain renferme	14,5	carbone.
1	de soupe	1,5	
½	de pommes de terre	2,0	
		17,0 loth de carbone.	

VII

*Composition de la fibrine et de l'albumine du sang**.

	ALBUMINE du sérum du sang. Scherer †.		
	1.	2.	3.
Carbone.	53,850	55,461	55,097
Hydrogène.	6,983	7,201	6,880
Azote.	15,673	15,673	15,681
Oxigène. Soufre. Phosphore.	23,494	21,655	22,342

	FIBRINE		
	Scherer †.		Mulder.
	1.	2.	3.
Carbone.	53,671	54,454	54,56
Hydrogène.	6,878	7,069	6,90
Azote.	15,763	15,762	15,72
Oxigène. Soufre. Phosphore.	23,688	22,715	22,82

D'autres analyses de l'albumine et de la fibrine animale, ainsi que des organes, se trouvent plus bas, *Doc. XXVIII*.

* *Revue Scientifique*, T. VIII, p. 1.

VIII

Composition de la fibrine, de l'albumine, de la caséine végétales, ainsi que du gluten.

FIBRINE VÉGÉTALE.

Gluten brut de farine de blé.

	SCHERER † *.			JONES † **.	MARCET***.	BOUSSINGAULT.
Carbone.	53,064	54,603	54,617	53,83	55,7	53,5
Hydrogène.	7,132	7,302	7,491	7,02	7,8	7,0
Azote.	15,359	15,810	15,809	15,58	14,5	15,0
Oxigène. Soufre. Phosphore.	25,445	22,285	22,083	22,56	22,0	24,5

* *Revue Scientifique*, VIII, 1.

** *Ibid.*

*** *Theoret. Chemie* de L. Gmélin, tome II, page 1092.

ALBUMINE VÉGÉTALE *.

	du seigle.	du blé.	du gluten.	des amandes.
	JONES †.		VARRENTRAPP ET WILL †.	JONES †.
Carbone.	54,74	55,01	54,85	57,03
Hydrogène.	7,77	7,23	6,96	7,53
Azote.	15,85	15,92	15,88	13,45
Oxigène. Soufre. Phosphore.	21,64	21,84	22,39	21,96

	BOUSSINGAULT,	VARRENTRAPP ET WILL †.
Carbone.	52,7	
Hydrogène.	6,9	
Azote.	18,4	15,70
Oxigène.	22,0	

CASÉINE VÉGÉTALE **.

	SCHERER †.	JONES †.	sulfate de caséine.	caséate de potasse.
			VARRENTRAPP ET WILL †.	
Carbone.	54,138	55,05	51,41	51,24
Hydrogène.	7,156	7,59	7,83	6,77
Azote.	15,672	15,89	14,48	13,23
Oxigène, etc.	23,034	21,47	—	—

* *Revue Scientifique*, VIII.

** *Revue Scientifique*, VIII.

GLUTEN *.

	Jones †.	Boussingault. 1.	Boussingault. 2.
Carbone.	55,22	54,2	52,3
Hydrogène.	7,42	7,5	6,5
Azote.	15,98	13,9	18,9
Oxigène, etc.	21,38	24,4	22,3

IX

Composition de la caséine animale **.

	Scherer †. du lait frais. 1.	Scherer †. du lait aigri. 2.	Scherer †. du lait aigri. 3.	Scherer †. du lait par l'acide acétique. 4.	Scherer †. du sérum du lait. 5.	Mulder.
Carbone.	54,825	54,721	54,665	54,580	54,507	54,96
Hydrog.	7,153	7,239	7,465	7,352	6,913	7,15
Azote.	15,628	15,724	15,724	15,696	15,670	15,80
Oxigène. Soufre.	22,394	22,316	22,146	22,372	22,910	oxig. 21,73 soufre. 0,36

* *Revue Scientifique*, VIII.

** *Revue Scientifique*, VIII. Voir les analyses de la caséine végétale, page précédente.

X

Substances solubles dans l'alcool, contenues dans les excréments solides.

Expériences de M. Will †. 18,5 gr. d'excréments de cheval séchés à 100° et traités par de l'alcool, perdirent 0,995 gr. de leur poids ; le résidu avait l'aspect de la sciure de bois épuisée par l'eau.

XI

*Composition de l'amidon *.*

	calcul. $C_{12}H_{20}O_{10}$	Strecker †. de pois.	de lentilles.	de haricots.	de blé noir.
Carbone.	44,91	44,33	44,40	44,16	44,23
Hydrogène.	6,11	6,57	6,54	6,69	6,40
Oxigène.	48,98	49,09	49,00	49,15	49,37

* L'amidon employé aux analyses de MM. Strecker et Ortigosa avait été extrait, au laboratoire de Giessen, des graines, des tubercules et des fruits.

	Strecker †.			
	de maïs.	de marrons d'Inde.	de blé.	de seigle.
Carbone.	44,27	44,44	44,26	44,16
Hydrogène.	6,67	6,47	6,70	6,64
Oxigène.	49,06	49,08	49,04	49,20

	Strecker †.			
	de riz.	de racines de dahlia.	de pommes non mûres.	de poires non mûres.
Carbone.	44,69	44,13	44,10	44,14
Hydrogène.	6,36	6,56	6,57	6,75
Oxigène.	48,95	49,31	49,33	49,11

	de pommes de terre.		de racines de pivot.	de racines d'igname.
	Berzélius.	Gay-Lussac et Thénard.	Prout.	Ortigosa †.
Carbone.	44,250	43,55	44,40	44,2
Hydrogène.	6,674	6,77	6,18	6,5
Oxigène.	49,076	49,68	49,42	49,3

XII

Composition du sucre de raisin (ou d'amidon).

	de raisins *.	d'amidon **.	de miel ***.	calcul. $C_{12}H_{28}O_{14}$
	SAUSSURE.		PROUT.	
Carbone.	36,71	37,29	36,36	36,80
Hydrogène.	6,78	6,84	7,09	7,01
Oxigène.	56,51	55,87	56,55	56,19

XIII

Composition du sucre de lait.

	GAY-LUSS. ET THÉN.	PROUT.	BRUNNER.	BERZÉLIUS.	J. L. †	calcul. $C_{12}H_{24}O_{12}$
Carbone.	38,825	40,00	40,437	39,474	40,00	40,46
Hydrogène.	7,341	6,66	6,711	7,167	6,73	6,61
Oxigène.	53,834	53,34	52,852	53,359	53,27	53,93

* *Annales de Chimie*, tome XI, page 381.
** *Annals of Philosophy*, tome VI, page 426.
*** *Philosophic. Transact.*, 1827, page 373.

XIV

Composition de la gomme.

	GAY-LUSS. ET THÉN.	GOEBEL.	BERZÉLIUS.	calcul. $C_{12} H_{22} O_{11}$
Carbone.	42,23	42,2	42,682	42,58
Hydrogène.	6,93	6,6	6,374	6,37
Oxigène.	50,84	15,2	50,944	51,05

XV

Analyses de l'avoine et du foin.

Expériences de M. Boussingault. *Annales de chimie et de physique*, tome LXXI, pages 129 et 150.

Avoine.

100 parties d'avoine renferment :

Substance sèche.	84,9
Eau.	17,1
	100,0

100 parties d'avoine sèche = 177,7 séchées à l'air renferment :

Carbone.	50,7
Hydrogène.	6,4
Oxigène.	36,7
Azote.	2,2
Cendres.	4,0
	100,0
Eau.	17,7
	117,7

Avoine séchée à l'air 117,7 ; en 100 parties 1,867 azote.

Foin.

100 parties de foin séché à l'air renferment :

Substance sèche.	86
Eau.	14
	100

100 parties de foin séché à 100° = 116,2 de foin séché à l'air renferment :

Carbone.	45,8
Hydrogène.	5,0
Oxigène.	38,7
Azote.	1,5
Cendres.	9,0
	100,0
Eau.	16,2
	116,2 de foin séché à l'air.

XVI

Proportion de carbone contenue dans la viande et dans la fécule.

100 loth de fécule renferment 44, l. de carbone, 128 l. (4 livres), en contiennent 56,32 loth.

100 loth de viande fraîche contiennent 13,6 l. de carbone.

48 loth de viande fraîche (15 livres) en contiennent 55,28 loth.

Voyez le *Document* III.

XVII

Composition de la graisse.

Expériences de M. Chevreul. *Recherches sur les corps gras*. Paris, 1822.

	graisse de porc.	graisse de mouton.	graisse d'homme.
Carbone.	79,098	78,996	79,000
Hydrogène.	11,146	11,700	11,416
Oxigène.	3,756	9,304	5,584

XVIII

Composition du sucre de canne.

	BERZÉLIUS.	PROUT.	W. CRUM.	J. L.	GAY-L. ET TH.	calcul. $C_{20} H_{22} O_{11}$
Carbone.	42,225	42,86	42,14	42,301	42,47	42,58
Hydrogène.	6,600	6,35	6,42	6,384	6,90	6,37
Oxigène.	51,175	50,79	51,44	51,315	50,63	51,05

Voyez plus haut, *Doc.* XIV et XI, la composition de la gomme et de l'amidon.

XIX

Composition de la cholestérine.

	CHEVREUL *.	COUERBE **.	MARCHAND.	calcul. $C_{36} H_{64} O$
Carbone.	85,095	84,895	84,90	84,641
Hydrogène.	11,880	12,099	12,00	12,282
Oxigène.	3,025	3,006	3,10	3,077

* *Recherches sur les corps gras*, page 185.
** *Annales de chimie et de physique*, tome LVI, page 164.

XX

Formation de la cire par le sucre.*

Lorsque les abeilles ont rempli de miel leur estomac ou ce qu'on appelle la vésicule à miel, et qu'elles ne peuvent pas se débarrasser du superflu, le miel passe peu à peu dans le canal intestinal et s'y digère; la plus grande partie en est alors rejetée à l'état d'excréments et le reste est transporté dans les sucs de l'insecte. Par suite de cette accumulation d'humeurs, il se produit une matière grasse qui suinte à travers les huit petits points placés à la partie inférieure des quatre anneaux abdominaux, à l'état d'une masse liquide qui durcit bientôt en formant des follicules séreuses. Si, au contraire, les abeilles peuvent déposer leur miel, il n'en passe dans le canal intestinal que ce qui est nécessaire à leur nutrition. A peine la vésicule a-t-elle été remplie de miel pendant quarante heures, qu'on voit paraître sur l'abdomen de l'insecte huit follicules de cire, si bien développées qu'elles finissent par se détacher. J'ai fait cette expérience avec des abeilles, renfermées avec leur reine

* Extrait de la *Naturgeschichte der Bienen*, par F. W. Gundlach, page 15. Cassel, chez Bohne. — Il n'y a pas de preuves plus concluantes en faveur de la formation de la graisse par le sucre, que ces observations faites sur la production de la cire par les abeilles.

dans une espèce de cage, vers la fin de septembre, et auxquelles, en place du miel, j'ai donné une solution de sucre-candi.

Les feuillets de cire se produisirent, mais ils ne se détachèrent pas bien, de sorte que les portions suivantes restèrent suspendues aux premières, presque pour toutes les abeilles, et que les follicules devinrent quatre fois plus grosses qu'à l'ordinaire; elles étaient tellement saillantes qu'elles soulevaient l'abdomen des insectes. En les examinant à la loupe, je les trouvai composées de plusieurs lamelles et terminées par une face disposée obliquement de haut en bas vers la tête et de bas en haut vers la queue de l'insecte ; c'était comme si la première follicule eût été un peu reculée par la suivante, et celle-ci par la troisième, le point d'attache sur l'abdomen n'offrant de la place que pour une seule. J'ai pu ainsi me convaincre aisément que les follicules de cire sont véritablement repoussées par celles qui se forment postérieurement.

La solution sucrée avait donc aussi été transformée en cire par les abeilles, néanmoins il paraît que cette transformation n'avait pas été parfaite, puisque les follicules restaient attachées les unes aux autres.

L'exsudation de la cire chez les abeilles n'exige pas l'ingestion du pollen, mais celle du miel. J'avais renfermé, déjà au mois d'octobre, des abeilles dans une cage vide avec du miel, et elles y construisirent bientôt des cellules, quoique le temps les empêchât de voltiger; je ne pense donc pas que le pollen soit véritablement un aliment pour les abeilles; il est plus probable qu'elles ne font que l'avaler pour le faire servir, après l'avoir mélangé avec du miel et de l'eau, à la nourriture des nymphes. Ce qui semble le prouver, c'est que les abeilles meurent souvent d'inanition au mois d'avril, lorsque leur provision de miel est épuisée, et qu'elles peuvent récolter du pollen en quantité, mais point de miel. Elles arrachent même, au besoin, les nymphes de leurs cellules pour s'entretenir avec le suc sucré qu'elles y trouvent. Mais si alors on ne les nourrit point, ou qu'elles ne rencontrent pas dans les champs de quoi se sustenter, elles succombent peu de jours après. Si le pollen était une substance alimentaire pour les abeilles, il devrait bien, à l'état de mélange avec l'eau, pouvoir les conserver en vie.

Les abeilles ne construisent jamais de cellules, si elles sont sans reine ou qu'elles soient sans progéniture qui puisse leur donner une reine. Mais lorsqu'on renferme des abeilles dans une cage, sans reine, et qu'on les nourrit avec du miel, on voit déjà au bout de quarante-huit heures leur abdomen couvert de cire, et même déjà quelques feuillets détachés. La construction des cellules est donc un acte instinctif, soumis à certaines conditions, tandis que l'exsudation de la cire est entièrement involontaire.

On croirait qu'une grande quantité de ces feuillets de cire doivent se perdre, puisqu'ils pourraient se détacher de l'abeille aussi bien en dehors de la ruche qu'en dedans. Mais le Créateur a eu soin d'en empêcher la déperdition. Lorsqu'on place un vase plat rempli de miel à portée d'abeilles en train de construire, et qu'on le recouvre d'un papier pour empêcher ces insectes de s'enfoncer, on voit le lendemain tout le miel enlevé, et le papier recouvert de beaucoup de feuillets de cire. Au premier abord, on attribuerait ces feuillets aux abeilles mêmes qui ont avalé le miel, mais il n'en est rien. On n'a qu'à placer sur le vase deux baguettes minces, et sur celles-ci, une planchette qui dépasse partout les bords du vase, de manière que les abeilles puissent, en s'introduisant sous la planchette, chercher le miel, sans que rien y tombe de la ruche ; le lendemain on trouvera tout le miel enlevé, mais on ne remarquera point de feuillets de cire sur le papier ; il n'y en aura que sur la planchette qui dépasse le vase. Ainsi les abeilles qui vont chercher le miel ne laissent pas tomber de feuillets, cela ne peut se dire que de celles qui sont suspendues dans le haut de la ruche. Un grand nombre d'expériences de ce genre m'ont démontré que les abeilles, une fois que leur cire est près de tomber, se retirent dans la ruche pour se livrer au repos, comme le font les chenilles lorsqu'elles veulent changer de peau. On voit, dans un essaim occupé à construire, des milliers d'abeilles s'attacher à la partie supérieure de la ruche et rester inactives ; chez toutes ces abeilles les feuillets de cire ont atteint leur maturité, et dès qu'ils se sont détachés, l'insecte reprend son activité et cède sa place à un autre, pour le même but.

Page 28 du même ouvrage. Voici plusieurs expériences assez intéressantes que j'ai faites pour connaître la quantité de miel nécessaire aux abeilles pour la production de la cire, ainsi que la fréquence de cette excudation chez un essaim en train de construire.

Le 29 août de cette année (1841), à une époque où, chez nous, les abeilles ne trouvent plus de miel dans les champs, je chassai un petit essaim de sa ruche et je plaçai les abeilles dans une petite cage en bois, en ayant soin d'abord de leur enlever la reine et de l'enfermer dans une boîte, munie d'un grillage en fil de fer et adaptée contre l'ouverture de la cage, afin qu'aucune progéniture ne pût arriver dans les cellules. Ensuite, pour mieux observer les abeilles, je fixai cette nouvelle ruche dans une fenêtre sur le grenier. Le soir, à six heures, je donnai aux abeilles 6 onces de miel extrait de cellules fermées, et qui avait entièrement la consistance du miel parfait. Le lendemain matin il était mangé.

Ce jour même, au soir, je donnai encore aux abeilles 6 onces de miel, et celui-ci encore était disparu le lendemain, mais il y avait déjà quelques feuillets de cire sur le papier troué dont j'avais recouvert le miel.

Le 31 août et le 1er septembre, les abeilles reçurent, au soir, 10 onces, et le 3 septembre, au soir, 7 onces; en somme, par conséquent, 1 livre 13 onces de miel extrait à froid des cellules que les abeilles avaient déjà bouchées.

Le 5 septembre, j'étourdis les abeilles avec de la

vesse-loup. Elles étaient au nombre de 2765 et pesaient ensemble 10 onces. Je déterminai ensuite le poids de la cage, dont les gâteaux étaient entièrement remplis de miel; les cellules n'étaient pas encore bouchées. Après en avoir noté le poids, j'en fis enlever le miel par un fort essaim, ce qui s'opéra dans l'espace de quelques heures. La cage, pesée de nouveau, se trouva plus légère de 12 onces; conséquemment, les premières abeilles y avaient encore laissé 12 onces de miel des 29 qui leur avaient été données. Je détachai ensuite les petites cellules; elles pesaient 5/8 d'once. Ensuite je fis revenir à elles les abeilles dans une autre cage, munie de gâteaux vides, et je les nourris avec du miel pareil au premier. Dans les premiers jours elles perdirent par jour plus d'une once de leur poids, puis chaque jour une demi-once, ce qui provenait de ce que leur canal intestinal était chargé d'excréments par suite de la digestion d'une si grande quantité de miel. Car, en automne, 1170 abeilles, qui n'ont pas niché depuis bien longtemps, pèsent quatre onces; conséquemment 2765 abeilles devraient peser 9 onces; mais elles pesaient 10 onces, et renfermaient par conséquent 1 once d'excréments, car leurs vésicules à miel étaient vides. La nuit, le poids de la petite ruche ne diminua pas, car la petite quantité de miel qui s'y trouvait et qui avait déjà acquis la consistance nécessaire, n'éprouvait pas de perte sensible par l'évaporation; ensuite les abeilles ne pouvaient pas rendre des excréments. C'est ce qui faisait que la diminution de poids n'avait toujours lieu que du matin au soir.

Puisque dans ces sept jours les abeilles avaient employé 5 onces 1/2 de miel pour l'entretien de leur corps, elles avaient donc consommé 13 onces 1/2 de miel pour la production de 5/8 d'once de cire. D'après cela, il faut 10 livres de miel pour produire 1 livre de cire. Ceci explique aussi pourquoi, malgré la plus riche récolte de miel, il arrive souvent que les essaims les plus forts et les plus actifs n'augmentent pas sensiblement de poids, tandis que d'autres, qui n'ont plus besoin de construire, augmentent quelques fois en un seul jour de 3 ou de 4 livres. C'est que tout ce que les premières récoltent est employé à faire de la cire ; il faut donc bien faire attention, lorsqu'on élève des abeilles, de limiter la production de la cire. Cnauf a déjà signalé ce fait, sans en connaître la véritable nature. Avec une demi-once de cire les abeilles peuvent construire assez de cellules pour y emmagasiner 1 livre de miel.

100 feuillets de cire pèsent 24 milligrammes, conséquemment il en faut 4166666 pour 1 kilogramme = 32 onces. Pour 5/8 d'once cela fait 81367 feuillets; ceux-ci avaient été exsudés par 2765 abeilles dans 6 jours; donc chaque abeille fournit 5 feuillets dans 24 heures, et, pour produire ses 8 feuillets, l'abeille a besoin de 38 heures. Cela s'accorde très bien avec mes observations. Les feuillets exsudés sont aussi blancs que la cire bien blanchie. Les gâteaux aussi sont d'abord entièrement blancs, mais ils jaunissent

par le miel et surtout aussi par le pollen. Dès qu'il commence à faire froid, les abeilles se retirent dans la ruche, sous le miel, et se mettent à consommer leurs provisions.

Page 54. Il y en a qui attribuent aux abeilles un sommeil d'hiver, mais cela est entièrement erroné. Elles sont alertes pendant tout l'hiver; il fait toujours chaud dans leur ruche, par suite de la chaleur qu'elles développent elles-mêmes. Plus il y a d'abeilles, plus elles développent de chaleur, ce qui fait que les essaims nombreux peuvent résister aux froids les plus intenses.

J'avais une fois, au mois de juillet, pour diminuer la chaleur dans une ruche, fixé une plaque trouée sur l'entrée qui était très grande, et il m'arriva d'oublier d'enlever cette plaque à l'arrivée de l'automne. Quoique l'hiver fût excessivement rigoureux, et que le froid s'élevât pendant plusieurs jours à plus de — 18°, la ruche se conserva parfaitement tout l'hiver. Il faut dire aussi qu'en automne j'avais réuni aux habitants de cette ruche ceux de deux autres.

Par un grand accroissement de froid, les abeilles se mettent à bourdonner, ce qui active leur respiration et augmente conséquemment la chaleur. Lorsqu'on enferme en été des abeilles dans une cage vitrée, sans reine, elles commencent à devenir inquiètes et à bourdonner; la chaleur qu'elles développent alors est si grande, que le verre devient tout brûlant. Si l'on ne rafraîchit pas l'air dans la cage, en l'ouvrant ou en mouillant le verre avec de l'eau, les abeilles finissent bientôt par étouffer.

COMPOSITION DE LA CIRE D'ABEILLES.

	GAY-LUSSAC ET THÉNARD [1].	SAUSSURE [2].	OPPERMANN [3] †.	ETTLING [4] †.	HESS [5].	calcul. $C^{20} H^{40} O$
Carbone.	81,784	81,607	81,291	81,15	81,52	81,38
Hydrog.	12,672	13,859	14,073	13,75	13,23	13,28
Oxigène.	5,546	4,534	4,636	5,09	5,25	5,34

[1] *Traité de Chimie* de M. Thénard, 6e édition, IV, 477.
[2] *Annales de Chimie et de Physique*, XIII, 310.
[3] *Ibidem*, XLIX, 224.
[4] *Annal. der Pharm.*, II, 267.
[5] *Ibidem*, XXVII, 6.

XXI

Composition de l'acide cyanurique, de la cyamélide et de l'acide cyanique hydraté.

Analyses de MM. Woehler et J. Liebig †. *Annales de Poggendorff.* XX. 575 et suiv.

	Acide cyanurique, cyamélide, acide cyanurique hydraté.
Carbone.	28,19
Hydrogène.	2,30
Azote.	32,63
Oxigène.	36,87

XXII

*Composition de l'aldéhyde, du métaldéhyde et de l'élaldéhyde *.*

	aldéhyde.	métaldéhyde.	élaldéhyde.		calcul.
	Liebig †.	Fehling †.			$C_4 H_6 O_2$
Carbone.	55,024	54,511	54,520	54,467	55,824
Hydrogène.	8,983	9,054	9,248	9,075	8,983
Oxigène.	35,993	36,435	36,132	36,458	35,993

* *Annal. der Pharm.*, XIV, 142, et XXVII, 319.

XXIII

*Composition de la protéine**.

	du cristallin.	de l'albumine.	de la fibrine.
	Scherer †.		
	1.	2.	3.
Carbone.	55,300	55,160	54,848
Hydrogène.	6,940	7,055	6,959
Azote.	16,216	15,966	15,847
Oxigène.	21,544	21,819	22,346

	Scherer †.				
	des poils.		de la corne.		calcul. $C_{48}H_{72}N_{12}O_{14}$
Carbone.	54,746	55,150	55,408	54,291	55,742
Hydrogène.	7,129	7,197	7,938	7,082	6,827
Azote.	15,727	15,727	15,593	15,593	16,143
Oxigène.	22,398	21,926	21,761	23,034	21,288

* *Revue Scientifique*, VIII.

	Mulder *.			
	de l'albumine végétale.	de la fibrine.	de l'albumine animale.	du fromage.
Carbone.	54,99	55,44	55,30	55,159
Hydrogène.	6,87	6,95	6,94	6,176
Azote.	15,66	16,05	16,02	16,143
Oxigène.	22,48	21,56	21,74	21,808

XXIV

Composition de l'albumine du jaune et du blanc d'œuf **.

	du blanc d'œuf.		du jaune d'œuf.
	Jones †.		Scherer †.
Carbone.	53,72	53,45	55,000
Hydrogène.	7,55	7,66	7,073
Azote.	13,60	13,34	15,920
Oxigène. Soufre. Phosphore.	25,13	25,55	22,007

* *Annal. der Pharm.*, XXVIII, 75.
** *Revue Scientifique*, VIII.

XXV

Composition de l'acide lactique.

	$C_6 H_{10} O_5$
Carbone.	44,90
Hydrogène.	6,11
Oxigène.	48,99

XXVI

Gaz extraits, par la ponction, de l'abdomen de vaches météorisées par le trèfle.

LEMEYRAN ET FREMY *a*). VOGEL *b*). PLUGER *c*).

	air.	acide carbonique.		gaz inflammable.	hydrogène sulfuré (?).
a)	5	5	—	15	80 vol.
b)	25	—	27	48	—
c)	—	—	60	40	—
c)	—	—	20	80	—

XXVII

Gaz extraits de l'estomac et des intestins de suppliciés.

Expériences de M. Magendie sur un individu qui avait pris une légère collation une heure avant de mourir (*a*); sur un autre pareillement deux heures avant la mort (*b*); sur un troisième, quatre heures avant la mort (*c*).

100 volumes renfermaient :

	gaz extraits.	oxigène.		azote.	acide carb.	gaz inflamm.
a	de l'estomac.	11,00	vol. pour	71,45	14,00	3,55
	de l'intestin grêle.	00,00		20,03	24,39	55,53
	du gros intestin.	00,00		51,03	43,50	5,47
b	de l'estomac.	00,00		00,00	00,00	C0,00
	de l'intestin grêle.	00,00		8,85	40,00	51,15
	du gros intestin.	00,00		18,04	70,00	11,C6
c	de l'estomac.	00,00		00,C0	00,00	00,C0
	de l'intestin grêle.	00,00		66,06	25,00	08,04
	du gros intestin.	00,00		45,96	42,86	11,18

XXVIII

Composition de l'albumine et de la fibrine animales, des tissus gélatineux, de la corne, etc.

ALBUMINE *

	du sérum du sang.			des œufs.	du jaune d'œuf.	
	Scherer †.				Jones †.	
	1.	2.	3.	4.	5.	6.
Carbone.	53,850	55,461	55,097	55,000	53,72	53,45
Hydrog.	6,983	7,201	6,880	7,073	7,55	7,66
Azote.	15,673	15,673	15,681	15,920	13,60	13,34
Oxig. / Soufre. / Phosph.	23,494	21,655	22,342	22,007	25,13	25,55

Dans les analyses 5 et 6 le rapport de l'azote au carbone est comme 1 : 8.

* *Revue Scientifique*, VIII.

	Jones †.	Scherer †.				
	du cerveau.	d'un hydrocèle.	d'un abcès par congestion.	du pus.		d'une liqueur hydropiq.
	7.	8.	9.	10.	11.	12.
Carbone.	55,580	54,921	54,757	54,663	54,101	54,302
Hydrogène.	7,019	7,077	7,171	7,022	6,947	71,176
Azote.	16,031	15,465	15,848	15,839	15,660	15,717
Oxig. Soufre. Phosph.	21,000	22,537	22,224	22,476	23,292	22,805

Mulder *.	
Carbone.	54,84
Hydrogène.	7,09
Azote.	15,83
Oxigène.	21,23
Soufre.	00,68
Phosphore.	00,33

* *Revue Scientifique*, VIII.
* *Annal. der Pharm.* et *Répertoire de Chimie*.

SCHERER † *.

	1.	2.	3.	4.	5.	6.	7.
Carb.	53,671	54,454	55,002	54,967	53,471	54,686	54,844
Hydr.	6,878	7,069	7,216	6,867	6,895	6,835	7,219
Azot.	15,763	15,762	15,817	15,913	15,720	15,720	16,065
Oxig. Souf. Phos.	23,688	22,715	21,965	22,244	23,814	22,759	21,872

Voyez la composition de la caséine animale. *Doc.* IX.

MULDER **.

Carbone.	54,56
Hydrogène.	6,90
Azote.	15,72
Oxigène.	22,13
Soufre.	00,33
Phosphore.	00,36

* *Revue Scientifique*, VIII.

** *Annal. der Pharm.*, XXIII, 74. — *Répertoire de Chimie.*

TISSUS GÉLATINEUX *.

	Scherer †.					calcul.
	colle de poisson.	tendons de pied de veau.		sclérotique.		$C_{48} H_{82} N_{15} O_{18}$
Carbone.	50.557	49,563	50,960	50,774	50,995	50,207
Hydrogène.	6,903	7,148	7,188	7,152	7,075	7,001
Azote.	18,790	18,470	18,320	18,320	18,723	18,170
Oxigène.	23,750	24,819	23,532	23,754	23,207	24,622

	Mulder.	
Carbone.	50,048	50,048
Hydrogène.	6,577	6,643
Azote.	18,350	18,388
Oxigène.	25,125	24,921

TISSUS DONNANT DE LA CHONDRINE *.

	cartilages costaux de veau.		cornée.	calcul.	
	Scherer †.			$C_{48} H_{80} N_{12} O_{20}$	Mulder.
Carbone.	49,496	50,895	49,522	50,745	50,607
Hydrogène.	7,133	6,962	7,097	6,904	6,578
Azote.	14,908	14,908	14,399	14,692	14,437
Oxigène.	28,463	27,235	28,982	27,659	28,378

* *Revue Scientifique*, VIII.

TUNIQUE MOYENNE DES ARTÈRES *.

	SCHERER †.		calcul.
	1.	2.	$C_{48} H_{79} N_{12} O_{16}$
Carbone.	53,750	53,393	53,91
Hydrogène.	7,079	6,973	6,96
Azote.	15,360	15,360	15,60
Oxigène.	23,811	24,274	23,53

TISSUS CORNÉS **.

	SCHERER †.						
	membraneux.		compactes.				
					cheveux		
	épiderme de la plante du pied.		poils de barbe.	cheveux.	blonds.	bruns.	noirs.
Carb.	51,036	50,752	51,529	50,652	49,345	50,622	49,935
Hydr.	6,801	6,761	6,687	6,769	6,576	6,613	6,631
Azot.	17,225	17,225	17,936	17,936	17,936	17,936	17,936
Oxig. Souf.	24,938	25,262	23,848	24,643	26,143	24,829	25,498

* *Revue Scientifique*, VIII.

** *Revue Scientifique*, VIII.

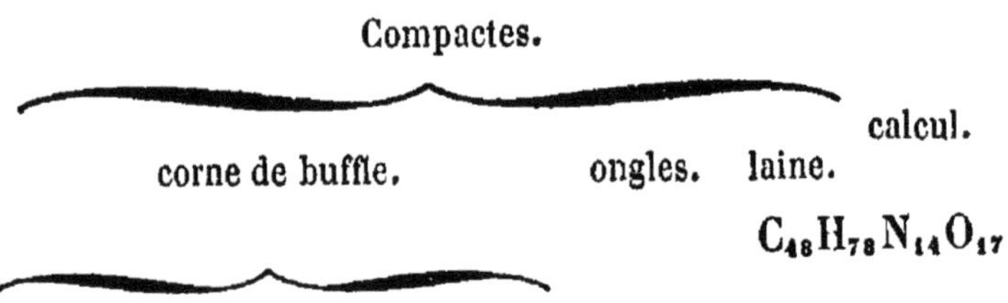

	Compactes.						calcul.
	corne de buffle.				ongles.	laine.	$C_{48}H_{78}N_{14}O_{17}$
Carb.	51,990	51,162	51,620	51,540	51,089	50,653	51,718
Hydr.	6,717	6,597	6,754	6,779	6,814	7,029	6,860
Azot.	17,284	17,284	17,284	17,284	16,901	17,710	17,469
Oxig. / Souf.	24,009	24,957	24,342	24,397	25,186	24,608	23,953

La composition de la membrane, tapissant l'intérieur de la coque de l'œuf du poulet, s'accorde sensiblement avec les nombres précédents.

Elle renferme, suivant M. Scherer †:

Carbone.	50,674
Hydrogène.	6,608
Azote.	16,761
Oxigène. / Soufre.	25,957

PLUMES *.

	Scherer †.		calcul.
	barbe.	tuyau.	$C_{48}H_{78}N_{14}O_{16}$
Carbone.	50,434	52,427	52,457
Hydrogène.	7,110	7,213	6,958
Azote.	17,682	17,893	17,719
Oxigène.	24,774	22,467	22,866

* *Revue Scientifique*, VIII.

PIGMENT NOIR DE L'OEIL *.

	Scherer †.		
	1.	2.	3.
Carbone.	58,273	58,672	57,908
Hydrogène.	5,973	5,962	5,817
Azote.	13,768	13,768	13,768
Oxigène.	21,986	21,598	22,507

XXIX

Composition de la chair musculaire et du sang.

Suivant les analyses de MM. Playfair et Bœckmann †,

0,452	de chair muscul. sèche donnent	0,836	ac. carbonique.
0,407	—	0,279	eau.
0,242	—	0,450	ac. carbonique,
	et	0,164	eau.
0,191	—	0,360	ac. carbonique.
	et	0,130	eau.
0,305	de sang sec donnent	0,575	ac. carbonique.
	et	0,202	eau.
0,214	—	0,402	ac. carbonique.
		0,138	eau.
1,471	—	0,065	cendres.

* *Revue Scientifique*, VIII.

	Chair de bœuf.	
	PLAYFAIR †.	BOECKMANN †.
Carbone.	51,83	51,89
Hydrogène.	7,57	7,59
Azote.	15,01	15,05
Oxigène.	21,37	21,24
Cendres.	4,23	4,23

	Sang de bœuf.		
	PLAYFAIR †.	BOECKMANN †.	moyenne.
Carbone.	51,95	51,96	51,96
Hydrogène.	7,17	7,33	7,25
Azote.	15,07	15,08	15,07
Oxigène.	21,39	21,21	21,30
Cendres.	4,42	4,42	4,42

En défalquant les cendres, on obtient pour la partie organique

	de la chair de bœuf.		du sang de bœuf.	
	PLAYFAIR †.	BOECKMANN †.	PLAYFAIR †.	BOECKMANN †.
Carbone.	54,12	54,18	54.19	54,20
Hydrogène.	7,89	7,93	7,48	7,65
Azote.	15,67	15,71	15,72	15,73
Oxigène.	22,32	22,18	22,31	22,12

Cette composition correspond à la formule :

C_{48}	54,62
H_{78}	7,24
N_{12}	15,81
O_{16}	22,33

XXX

Composition de l'acide choléique *.

	Demarçay †.	Dumas.	calcul. $C_{76}\,H_{132}\,N_4\,O_{22}$
Carbone.	63,707	63,5	63,24
Hydrogène.	8,821	9,3	8,97
Azote.	3,255	3,3	3,86
Oxigène.	24,217	23,9	23,93

* *Annales de Chimie et de Physique.*

XXXI

Composition de la taurine et de l'acide choloïdique *.

TAURINE.

	DEMARÇAY †.	DUMAS.	calcul. $C_4 H_{14} N_2 O_{10}$
Carbone.	19,24	19,26	19,48
Hydrogène.	5,78	5,66	5,57
Azote.	11,29	11,19	11,27
Oxigène.	63,69	63,89	63,68

ACIDE CHOLOIDIQUE.

	DEMARÇAY †.		DUMAS	calcul. $C_{72} H_{112} O_{12}$
Carbone.	78,301	73,522	73,3	74,4
Hydrogène.	9,511	9,577	9,6	9,4
Oxigène.	17,188	16,901	17,0	16,2

J'ajouterai aux recherches de M. Demarçay les observations suivantes :

La matière que j'ai désignée sous le nom *d'acide choléique* est la bile elle-même purifiée des principes

* *Annales de Chimie et de Physique.*

inorganiques, des sels, etc. On peut, à l'aide de l'acétate de plomb basique et de l'ammoniaque, combiner toutes les parties organiques de la bile avec l'oxide de plomb, de manière à produire un précipité insoluble et résineux. La substance combinée avec l'oxide de plomb renferme tout le carbone et tout l'azote de la bile.

J'ai appelé *acide choloïdique* la substance qu'on obtient en maintenant en ébullition, avec un excès d'acide hydrochlorique, la bile préalablement purifiée des parties insolubles au moyen de l'alcool. Ce corps renferme tout le carbone et tout l'hydrogène de la bile, sauf certaines proportions de ces éléments éliminés sous forme de taurine et d'ammoniaque.

L'*acide cholique* renferme les éléments de la bile dont se sont séparés les éléments du carbonate d'ammoniaque.

Ces trois substances contiennent, par conséquent, les produits de la métamorphose de toute la bile ; leurs formules expriment le nombre de chacun de leurs éléments. Aucune d'elles n'est renfermée dans la bile avec la forme sous laquelle on l'en extrait ; mais cela est sans influence sur la proportion des éléments que l'analyse nous permet d'assigner à la bile elle-même. Ces formules ne sont donc point de pures hypothèses, mais ce sont des expressions analytiques. Quel que soit le nombre de principes dont se compose l'acide choléique, l'acide choloïdique, etc., la somme des éléments de ces principes restera toujours exprimée par ces formules.

La connaissance des produits résultant de l'action de l'air et des agents chimiques sur la bile, peut devenir d'une certaine importance pour l'étude des phénomènes pathologiques ; mais sauf les caractères généraux de la bile, aucun de ses nombreux produits ne peut intéresser le physiologiste, car il est positif que le plus grand nombre de ces 38 ou 40 matières que l'on a admises dans la bile ne sont que les produits de la décomposition exercée sur elle par les agents employés aux recherches.

La bile renferme de la soude, mais en combinaison toute particulière. Lorsqu'on combine avec l'oxide de plomb les parties organiques de la bile solubles dans l'alcool et qu'on en sépare de nouveau cet oxide, on obtient un corps, l'acide choléique, qui, mis en contact avec la soude, forme une combinaison qui a bien la saveur de la bile, mais qui n'en est plus.

La bile peut être mélangée avec des acides végétaux, même avec des acides minéraux étendus, sans se troubler et sans former de précipité, tandis que la combinaison obtenue par l'acide choléique se décompose par les acides les plus faibles et sépare alors tout l'acide choléique.

D'après cela, on ne peut donc pas considérer la bile comme du choléate de soude. Ensuite on ne sait pas non plus dans quel état s'y trouvent la cholestérine, l'acide margarique et l'acide stéarique qu'on y a constatés. La cholestérine est insoluble dans l'eau, elle ne se saponifie point par les alcalis ; si les combinaisons des deux acides gras étaient réellement dans la bile à l'état de savons, on devrait pouvoir les séparer par d'autres acides avec la plus grande facilité. Mais, comme nous venons de le dire, les acides dilués ne séparent de la bile ni acide margarique ni acide stéarique.

Il est possible que de nouvelles recherches viennent un jour modifier légèrement la composition centésimale des principes de la bile, mais cela ne saurait influer beaucoup sur nos formules; si les proportions relatives de carbone et d'azote sont trouvées les mêmes, ces modifications se borneraient à l'oxigène et à l'hydrogène; il faudrait alors faire intervenir dans les déductions, telles que nous les avons exposées pour les métamorphoses des tissus, un peu plus ou un peu moins d'eau ou d'oxigène, mais on conçoit que cela ne changerait pas le fond de la question.

XXXI

Composition de l'acide cholique.

	DUMAS.	calcul. $C_{74} H_{120} O_{18}$
Carbone.	68,5	68,9
Hydrogène.	9,7	9,2
Oxigène.	21,8	21,9

XXXII

Composition des principes essentiels de l'urine de l'homme et des animaux.

ACIDE URIQUE.

	LIEBIG † *.	MITSCHERLICH **.	calcul. $C_{10} H_8 N_8 O_6$
Carbone.	36,083	35,82	36,00
Hydrogène.	2,441	2,38	2,36
Azote.	33,361	34,60	33,37
Oxigène.	28,126	27,20	28,27

ALLOXANE ***.

Produit de l'oxidation de l'acide urique.

	WOEHLER ET J. L. †.		calcul. $C_8 H_8 N_4 O_{10}$
Carbone.	30,38	30,18	30,34
Hydrogène.	2,57	2,48	2,47
Azote.	17,96	17,96	17,55
Oxigène.	49,09	49,38	49,64

* *Annal. der Pharm.*, X, 47.
** *Annal. de Poggendorff*, XXXIII, 335.
*** *Annales de Chimie et de Physique.*

URÉE *.

	PROUT.	WOEHLER ET LIEBIG.	calcul. $C_2 N_4 H_8 O_4$
Carbone.	19,99	20,02	20,192
Hydrogène.	6,65	6,71	6,595
Azote.	46,65	46,73	46,782
Oxigène.	26,63	26.54	26,425

ACIDE HIPPURIQUE CRISTALLISÉ **.

	LIEBIG †.	DUMAS.	MITSCHERLICH.	calcul. $C_{18} H_{18} N_2 O_6$
Carbone.	60,742	60,5	60,63	60,76
Hydrogène.	4,959	4,9	4,98	4,92
Azote.	7,816	7,7	7,90	7,82
Oxigène.	26,483	26,9	26,49	26,50

ALLANTOINE ***.

	WOEHLER ET LIEBIG †.	calcul. $C_8 N_8 H_{12} O_6$
Carbone.	30,60	30,66
Hydrogène.	3,83	3,75
Azote.	35,45	35,50
Oxigène.	30,12	30,09

* *Thoms. Annals*, XI, 352. — *Annal.* de Poggendorff, XX, 375.

** *Annal. der Pharm.*, XII, 20. — *Annales de Chimie et de Physique*, LVII, 327. — *Annales* de Poggendorff, XXXIII, 335.

*** *Annales de Chimie et de Physique.*

OXIDE URIQUE *.

	WOEHLER ET LIEBIG †.	calcul. $C_5 H_4 N_4 O_2$
Carbone.	39,28	39,86
Hydrogène.	2,95	2,60
Azote.	36,35	37,72
Oxigène.	21,24	20,82

OXIDE CYSTIQUE **.

	THAULOW †.	calcul. $C_6 N_2 H_{12} O_4 S_2$
Carbone.	30,01	30,31
Hydrogène.	5,10	4,94
Azote	11,00	11,70
Oxigène.	28,38	26,27
Soufre.	25,51	26,58

L'oxide cystique se distingue de toutes les autres concrétions urinaires en ce qu'il renferme du soufre. On peut démontrer que cet élément ne s'y trouve ni sous la forme d'un oxide ni sous celle d'un cyanure. Il est curieux de voir d'un autre côté, que 4 atomes d'oxide cystique renferment tous les éléments néces-

* *Annal. der Pharm.*, XXVI, 344.
** *Annal. der Pharm.*, XXVII, 200.

saires à la formation de l'acide urique, de l'acide benzoïque, de l'hydrogène sulfuré et de l'eau, toutes substances qui s'engendrent dans l'économie.

En effet :

1 at. d'acide urique.	C_{10}	H_{8}	N_{8}	O_{6}		
1 — d'acide benzoïque.	C_{14}	H_{10}		O_{3}		
8 — d'hydrogène sulfuré.		H_{16}			S_{8}	
7 — d'eau.		H_{14}		O_{7}		
oxide cystique.	C_{24}	H_{48}	N_{8}	O_{16}	S_{8}	=

$$= 4\ (C_{6}\ H_{12}\ N_{2}\ O_{4}\ S_{2}).$$

Voici un excellent moyen de reconnaitre dans un calcul urinaire la présence de l'oxide cystique.

On dissout le calcul dans une lessive de potasse concentrée et l'on y ajoute quelques gouttes d'acétate de plomb, en quantité assez faible pour que l'oxide de plomb reste en dissolution. Il se produit alors, par l'ébullition du mélange, un précipité noir de sulfure de plomb, qui lui communique l'aspect de l'encre. Il se dégage en même temps une quantité abondante d'ammoniaque, et le liquide alcalin se trouve contenir, entre autres produits, de l'acide oxalique.

XXXIV

Composition des acides oxalique, oxalurique, parabanique.

ACIDE OXALIQUE.

	GAY-LUSSAC ET THÉNARD.	BERTHOLLET.	calcul. $C_2 H_2 O_4$
Carbone.	26,566	25,13	26,66
Hydrogène.	2,745	3,09	2,22
Oxigène.	70,689	71,78	71,12

ACIDE OXALURIQUE *.

	WOEHLER ET LIEBIG †.		calcul. $C_6 H_8 N_4 O_8$
Carbone.	27,600	27,318	27,59
Hydrogène.	3,122	3,072	3,00
Azote.	21,218	21,218	21,29
Oxigène.	48,060	48,392	48,12

* *Annales de Chimie et de Physique.*

ACIDE PARABANIQUE *.

	Wœhler et Liebig †.		calcul. $C_6 H_4 N_4 O_6$
Carbone.	31,95	31,940	31,91
Hydrogène.	2,09	1,876	1,73
Azote.	24,66	24,650	24,62
Oxigène.	41,30	41,534	41,74

XXXV

Composition de la viande rôtie.

(1) 0,307 de substance ont donné 0,584 acide carbonique et 0,206 eau.

(2) 0,255 de substance ont donné 0,485 acide carbonique et 0,181 eau.

(3) 0,179 de substance ont donné 0,340 acide carbonique et 0,125 eau.

	(1) chevreuil.	(2) bœuf.	(3) veau.
	Bœckmann †.	Playfair †.	
Carbone.	52,60	52,590	52,52
Hydrogène.	7,45	7,886	7,87
Azote.	15,23	15,214	14,70
Oxigène. Cendres.	24,72	24,310	24,91

* *Annales de Chimie et de Physique.*

XXXVI

Composition de la gélatine.

La formule $C_{27}\ H_{42}\ N_9\ O_{10}$ exige en centièmes :

C_{27}. . . .	50,07
H_{42}. . . .	6,35
N_9. . . .	19,32
O_{10}. . . .	24,26

Voyez le n° XXVIII.

XXXVII

Composition de l'acide lithofellique.

	Ettling et Will †.			Woehler.	calcul. $C_{40}\ H_{72}\ O_8$
Carbone.	71,19	70,80	70,23	70,83	70,83
Hydrogène.	10,85	10,78	10,95	10,60	10,48
Oxigène.	17,96	18,42	18,92	18,57	18,69

XXXVIII

Composition de la solanine extraite des germes de pommes de terre *.

	BLANCHET †.
Carbone.	62,11
Hydrogène.	8,92
Azote.	1,64
Oxigène.	27,33

XXXIX

Composition de la picrotoxine.

	FRANCIS †.
Carbone.	60,26
Hydrogène.	5,70
Azote.	1.30
Oxigène.	32,74

Dans une autre analyse, M. Francis obtint 0,75 pour cent d'azote; la matière avait été en partie tirée de la fabrique de M. Merck, à Darmstadt,

* *Annal. der Chemie und Pharm.*, XXXIX, 242, et XLI, 154.
* *Annal. der Pharm.*, VII, 150.

en partie préparée par M. Francis lui-même; elle était parfaitement blanche et très bien cristallisée. M. Regnault n'avait pas trouvé d'azote dans la picrotoxine.

XL

Composition de la quinine.

	J. L. †	calcul. $C_{20} H_{24} N_2 O_2$
Carbone.	75,76	74,39
Hydrogène.	7,52	7,25
Azote.	8,12	8,62
Oxigène.	8,62	9,64

XLI

Composition de la morphine *.

	J. L. †	Regnault.		calcul. $C_{35} H_{40} N_2 O_6$
Carbone.	72,340	72,87	72,41	72,28
Hydrogène.	6,366	6,86	6,84	6,74
Azote.	4,995	5,01	5,01	4,80
Oxigène.	16,299	15,26	15,74	16,18

* *Annales de Chimie et de Physique.*

XLII

Composition de la caféine, de la théine et de la guaranine.*

	caféine.	théine.	guaranine.	calcul.
	PFAFF ET J. L. †	JOBST.	MARTIUS.	$C_8 H_{10} N_4 O_2$
Carbone.	49,77	50,101	49,679	49,798
Hydrogène.	5,33	5,214	5,139	5,082
Azote.	28,78	29,009	29,180	28,832
Oxigène.	16,12	15,676	16,002	16,288

XLIII

Composition de la théobromine et de l'asparagine.

THÉOBROMINE **.

	WOSKRESENSKY.			calcul.
				$C_9 H_{10} N_6 O_2$
Carbone.	47,21	46,97	46,71	46,43
Hydrogène.	4,53	4,61	4,52	4,21
Azote.	35,38	35,38	35,38	35,85
Oxigène.	12,88	13,04	13,39	13,51

* *Annal. der Pharm.*, I, 17; XXV, 63, et XXVI, 95.
** *Revue Scientifique.*

ASPARAGINE *.

	J. L. †	calcul. $C_8H_{16}N_4O_6 + 2$ aq.
Carbone.	32,351	32,35
Hydrogène.	6,844	6,60
Azote.	18,734	18,73
Oxigène.	42,021	42,32

XLIV

Transformation de l'acide benzoïque en acide hippurique, par M. Keller de Grosheim **.

Dans l'ancienne édition du Traité de M. Berzélius (édition allem., t. IV, p. 576), M. Wœhler a déjà

* *Annal. der Pharmacie*, VII, 146.

** Les preuves fournies par le docteur Ure en faveur de la transformation de l'acide benzoïque en acide hippurique dans le corps humain, viennent d'être augmentées par M. Keller de plusieurs autres entièrement décisives, qui m'ont paru assez importantes pour être annexées à cet ouvrage. Les recherches de M. Keller furent exécutées au laboratoire de M. Wœhler, à Gœttingue. Elles mettent hors de doute ce fait, qu'un corps non azoté pris dans les aliments peut, par ses éléments, prendre part aux métamorphoses des tissus et à la formation des sécrétions. Cette vérité éclaircit considérablement l'action de certains médicaments sur l'économie ; si l'on parvenait à démontrer de la même manière l'influence de l'urée sur la formation de l'urée ou de l'acide urique, cela nous fournirait la clef de l'action qu'exercent sur l'organisme la quinine et les autres bases végétales.

J. L.

émis l'opinion que l'acide benzoïque se transformait probablement par la digestion en acide hippurique. Cette supposition était fondée sur une expérience que ce chimiste avait faite antérieurement sur l'évacuation de l'acide benzoïque par les urines. Il trouva, dans l'urine d'un chien qui avait mangé avec sa nourriture un 1/2 drachme d'acide benzoïque, un acide cristallisant en aiguilles prismatiques et qui possédait les propriétés générales de l'acide benzoïque, de sorte qu'il le prit pour tel. (*Tiedemann's Zeitschrift f. Physiol.*, t. I, p. 142). Ces cristaux étaient évidemment de l'acide hippurique, car, comme dit l'auteur, ils avaient l'aspect du salpêtre et laissaient du charbon par la sublimation. Mais à cette époque on ne connaissait pas encore cet acide, car on sait que, jusqu'en 1829, où M. Liebig le découvrit, il avait été généralement confondu avec l'acide benzoïque.

Le fait récemment annoncé par le docteur Ure (*Prov. med. and surg. Journ.* 1841 et *Pharmaceut. Centralblatt*, n° 46), que l'urine d'un malade ayant pris de l'acide benzoïque, avait contenu de l'acide hippurique, dirigea de nouveau l'attention des physiologistes sur cette réaction remarquable et occasionna de ma part quelques recherches, entreprises sur l'invitation de M. le professeur Wœhler. On verra que sa supposition s'est entièrement confirmée.

J'avalai le soir, avant de me coucher, délayés dans du sirop de sucre, 2 grammes (environ 32 grains) d'acide benzoïque pur. J'eus des sueurs pendant la nuit, et elles paraissaient bien provenir de cet acide, puisque autrement une forte transpiration ne s'établit chez moi que difficilement. Je n'en remarquai pas d'autre effet, même en prenant les jours suivants la même dose trois fois par jour, et sans que les sueurs revinssent une seule fois.

L'urine rendue le matin avait une réaction extraordinairement acide, même après avoir été évaporée et abandonnée pendant 12 heures. Elle déposa les sels terreux qui forment le sédiment ordinaire des urines. Mais lorsque je l'eus mélangée avec de l'acide hydrochlorique et abandonnée au repos, il s'y forma un grand nombre de longs cristaux prismatiques, colorés en brun, et qui n'avaient déjà plus l'aspect de l'acide benzoïque. Une autre portion, concentrée à consistance de sirop, se transforma par l'addition de l'acide hydrochlorique en une masse de lamelles cristallines. J'exprimai celle-ci, et après l'avoir dissoute dans l'eau bouillante, je la traitai par le charbon et la fis cristalliser une seconde fois. Je l'obtins ainsi en prismes incolores d'un pouce de long.

Ces cristaux étaient de l'*acide hippurique pur*. Ils fondaient par l'échauffement, se charbonnaient à une température plus élevée en dégageant l'odeur des amandes amères et en donnant un sublimé d'acide benzoïque. Afin de dissiper à cet égard toute espèce de doute, j'en déterminai le carbone ; 0,3 grammes me donnèrent 60,4 pour cent de carbone ; or, d'après la formule $C_{18}\ H_{16}\ N_2\ O_5,\ H_2\ O$, l'acide hippurique cristallisé renferme 60,67 pour cent de carbone, tandis que l'acide benzoïque en contient 69,10 pour cent.

Pendant tout le temps que je continuais l'ingestion de l'acide benzoïque, je pouvais extraire de l'urine de grandes quantités d'acide hippurique. Comme l'acide benzoïque ne paraît point troubler la santé, il serait aisé de se procurer ainsi ce corps en quantité notable. On pourrait pour cela se tenir quelqu'un qui continuât cette fabrication pendant quelques semaines.

Il était important d'examiner, dans l'urine contenant l'acide hippurique, laprésence de ses deux principes essentiels, c'est-à-dire de l'urée et de l'acide urique. Je les y trouvai tous deux, dans les mêmes proportions que dans l'urine normale.

Lorsque l'urine concentrée par l'évaporation eut déposé tout l'acide hippurique par l'addition de l'acide hydrochlorique, j'y ajoutai de l'acide nitrique, de sorte qu'elle précipita une grande quantité de nitrate d'urée. Déjà avant elle avait déposé un sédiment pulvérulent qui présentait avec l'acide nitrique la réaction si connue de l'acide urique. Ce fait est contraire à l'observation du docteur Ure; et il serait prématuré, ce me semble, de recommander l'usage de l'acide benzoïque contre les concrétions urinaires et arthritiques. M. Ure paraît supposer que l'acide urique est employé pour la transformation de l'acide benzoïque en acide hippurique. Comme il a fait des expériences sur l'urine d'un arthritique, on est autorisé à admettre que celle-ci n'eût pas contenu d'acide urique même sans l'usage interne de l'acide benzoïque.

Du reste, comme l'acide hippurique ne se sépare de l'urine que par l'addition d'un autre acide, il est évident qu'il s'y trouve en combinaison avec une base.

FIN.

TABLE DES MATIÈRES

CONTENUES DANS CE VOLUME.

Pages

Dédicace. III

Avant-propos de l'auteur. VII

PREMIÈRE PARTIE.

DES PHÉNOMÈNES ORGANIQUES EN GÉNÉRAL.

CHAPITRE I. Causes des phénomènes organiques. . . . 1

CHAPITRE II. Rôle des aliments et de l'oxigène atmosphérique. 10

CHAPITRE III. Source de la chaleur animale. 20

CHAPITRE IV. Respiration. 28

CHAPITRE V. Réfutation des anciennes théories. . . . 33

CHAPITRE VI. Composition du sang. 43

CHAPITRE VII. Composition des aliments végétaux. . . 49

CHAPITRE VIII. Composition du lait. 56

CHAPITRE IX. Composition des excréments. 60

CHAPITRE X. Fonctions du foie et des reins. 65

CHAPITRE XI. Rôle des aliments non azotés. 74

CHAPITRE XII. Formation de la graisse. 88

CHAPITRE XIII. Conclusions. 104

DEUXIÈME PARTIE.

DES MÉTAMORPHOSES DANS LES TISSUS ORGANIQUES.

CHAPITRE I. Protéine, principe des tissus azotés. . . . 109

CHAPITRE II. Digestion. 115

CHAPITRE III. Composition des tissus organiques. 129
CHAPITRE IV. Développement des métamorphoses à l'aide des équations chimiques. 159
CHAPITRE V. Sécrétion biliaire. 172
CHAPITRE VI. Influence des médicaments et des poisons sur les métamorphoses. 180

TROISIÈME PARTIE.

DES PHÉNOMÈNES DE MOUVEMENT DANS L'ÉCONOMIE ANIMALE.

CHAPITRE I. Caractères de la force vitale. 201
CHAPITRE II. Innervation. 220
CHAPITRE III. Conditions d'équilibre dans l'économie. . 238
CHAPITRE IV. Théorie de la maladie. 260
CHAPITRE V. Théorie de la respiration. 272

DOCUMENTS ANALYTIQUES.

Observations préliminaires. 285
I. Consommation d'oxigène par un adulte. 289
II. Composition du sang. 290
III. Quantité de carbone exhalée par la respiration. . . . 291
IV. Nourriture et excréments d'un cheval et d'une vache. 299
V. Température et mouvement du sang. 302
VI. Nourriture des prisonniers. 304
VII. Composition de la fibrine et de l'albumine du sang. . 305
VIII. Composition de la fibrine, de l'albumine et de la caséine végétales, ainsi que du gluten. 305
IX. Composition de la caséine animale. 307
X. Substances solubles dans l'alcool, contenues dans les excréments solides. 308
XI. Composition de l'amidon. 308
XII. Composition du sucre de raisin (ou d'amidon). . . . 310
XIII. Composition du sucre de lait. 310
XIV. Composition de la gomme. 311

XV. Analyses de l'avoine et du foin. 311
XVI. Proportion de carbone contenue dans la viande et dans la fécule. 313
XVII. Composition de la graisse 313
XVIII. Composition du sucre de canne. 314
XIX. Composition de la cholestérine. 314
XX. Formation de la cire par le sucre. 315
XXI. Composition de l'acide cyanurique, de la cyamélide et de l'acide cyanique hydraté. 324
XXII. Composition de l'aldéhyde, du métaldéhyde et de l'élaldéhyde. 324
XXIII. Composition de la protéine. 325
XXIV. Composition de l'albumine du jaune et du blanc d'œuf. 326
XXV. Composition de l'acide lactique. 327
XXVI. Gaz extraits, par la ponction, de l'abdomen de vaches météorisées par le trèfle. 327
XXVII. Gaz extraits de l'estomac et des intestins de suppliciés. 328
XXVIII. Composition de l'albumine et de la fibrine animales, des tissus gélatineux, de la corne, etc. . . 329
XXIX. Composition de la chair musculaire et du sang. . 335
XXX. Composition de l'acide choléique. 337
XXXI. Composition de la taurine et de l'acide choloïdique. 338
XXXII. Composition de l'acide cholique. 341
XXXIII. Composition des principes essentiels de l'urine de l'homme et des animaux. 342
XXXIV. Composition des acides oxalique, oxalurique et parabanique. 346
XXXV. Composition de la viande rôtie. 347
XXXVI. Composition de la gélatine. 348
XXXVII. Composition de l'acide lithofellique. 348
XXXVIII. Composition de la solanine extraite des germes de pommes de terre. 349
XXXIX. Composition de la picrotoxine. 349
XL. Composition de la quinine. 350
XLI. Composition de la morphine. 350
XLII. Composition de la caféine, de la théine et de la guaranine.. 351

XLIII. Composition de la théobromine et de l'asparagine. 351
XLIV. Transformation de l'acide benzoïque en acide hippurique. 352

ERRATUM.

A corriger dans le volume de ***Physiologie végétale*** du même auteur. Page 314, ligne 1, lisez : Il transforme, sans en changer le volume, l'oxigène ambiant en acide carbonique, et se convertit lui-même peu à peu en une matière brune, noire, ou brun-jaunâtre, etc.

FIN DE LA TABLE DES MATIÈRES.

PARIS. — IMPRIMERIE DE J. BELIN-LEPRIEUR FILS,
rue de la Monnaie, 11.

www.ingramcontent.com/pod-product-compliance
Ingram Content Group UK Ltd.
Pitfield, Milton Keynes, MK11 3LW, UK
UKHW021845190726
13855UKWH00001B/155

9 782013 575393